U0151453

做有文化的产品

亚振家居产品中的海派文化传承

许锦芝 著

上海交通大学出版社
SHANGHAI JIAO TONG UNIVERSITY PRESS

内容提要

　　本书为海派家居文化丛书之一。本书主要分为五个部分：第一部分主要介绍作为非物质文化遗产传承的亚振家居对海派家居中蕴含文化的理解、积累、传承以及发扬过程。第二部分主要介绍亚振家居现阶段对不同场景家居设计理念以及案例展示。第三部分主要介绍，亚振家居如何将西方元素融入到符合东方审美观的产品中。第四、第五部分则是对亚振的设计理念以及选材理念等进行简单的介绍。本书适合喜爱海派文化，由其是海派家具文化，热爱海派家具艺术的读者阅读，由点到面地了解百年来海派家具的发展史。

图书在版编目(CIP)数据

　　做有文化的产品：亚振家居产品中的海派文化传承 /
许锦芝 著. —上海：上海交通大学出版社，2021

　　ISBN978-7-313-24951-7

　　I.①做…　II.①许…　III.①家具—介绍—上海
IV.①TS666.251

　　中国版本图书馆CIP数据核字(2021)第087543号

做有文化的产品：亚振家居产品中的文化传承
ZUO YOU WENHUA DE CHANPIN: YAZHEN JIAJU CHANPIN ZHONG DE WENHUA CHUANCHENG

著　　者：许锦芝	地　　址：上海市番禺路951号
出版发行：上海交通大学出版社	电　　话：021-64071208
邮政编码：200030	经　　销：全国新华书店
印　　制：上海锦佳印刷有限公司	印　　张：13.5
开　　本：710mm×1000mm	
字　　数：170千字	印　　次：2021年6月第1次印刷
版　　次：2021年6月第一版	
书　　号：ISBN 978-7-313-24951-7	
定　　价：88.00元	

本书编委会

主　　任：高　伟

顾　　问：黄德明　许美琪　寿光武　郑晓华

编委委员：程　柯　张梦娇　张文杰　何施亮

　　　　　杜　青　姚　纯　穆竞荣　陈海林

　　　　　秦春亚　谢方方

设计无国界

———————

不同语言、不同信仰,可能会为同一首乐曲感极而泣,

因为音乐无国界!

设计其实就是一种文化对冲中的融合,

你中有我、我中有你,

所以设计也无国界!

孜孜苦索,"融汇中西,诠释自然"是亚振的设计主张。

每一个看似简单的做法后面,

其实是对东西方文化的认知和思考。

二十八年风雨,时间改变良多,

唯有创新、求索的坚定信心永恒。

亚振,演绎无国界的经典!

亚振品牌创始人

2020年6月11日

缘起骨牌凳 / 1979

    1979年,入行刚三月、年仅16岁的高伟亲手制作了其第一件作品——海派ART DECO风格骨牌凳,深受乡邻赞誉。这对少年高伟是极大的鼓舞,点燃了他探索海派家具的思想之光,也开启了他精彩的家具人生。

闯荡大上海 / 1985

1985年, 高伟只身闯荡海派文化发祥地上海, 后又辗转进入上海吴淞木器厂工作。

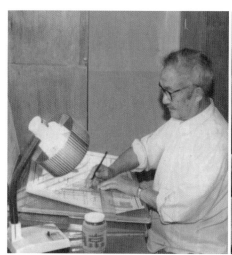

学习海派家具制作技艺 / 1985——1986

1985——1986年, 他先后结识了海派家具典范"水明昌"两位传人王章荣(左图)、王健大师, 并分别拜其为师, 实现了系统学习海派家具独特制作技艺的梦想。

创建亚振 / 1992

　　1992年, 迎着改革开放的春风, 高伟组织和带领一支18人团队, 在海派文化发祥地上海创建了亚振家具。

为国家主席定制家具 / 2001

2001年6月,时任国家主席的江泽民曾坐于亚振为其特别定制的宫廷沙发上,会见新加坡资政李光耀,纵论天下大事,尽显大国风范。

为人民大会堂定制沙发 / 2005

2005年2月, 亚振产品荣耀进入北京人民大会堂, 成为党和国家领导人与人民代表共商国事的座椅。

选送产品到国宾馆 / 2006

2006年, 乔治亚系列作品被选送到上海西郊国宾馆, 作为高级套房家具, 胡锦涛同志曾下榻于此国宾馆。

见证五大博物馆馆长高峰论剑 / 2008

2008年3月，在上海国际会议中心，全球五大博物馆(大英博物馆、卢浮宫、纽约大都会博物馆、俄罗斯冬宫博物馆、中国故宫博物馆)馆长齐聚上海，出席"人类文明的共享和弘扬"高峰论坛，亚振威尼斯椅荣耀成为馆长巅峰论剑的宝座。

结缘上海世博 / 2010

　　2010年5月,亚振首次结缘世博,开启了品牌国际化之路。为上海世博会议中心贵宾厅设计的梅兰竹菊系列,大气而舒适,东方人文气息浓郁,受世博组委会一致好评。

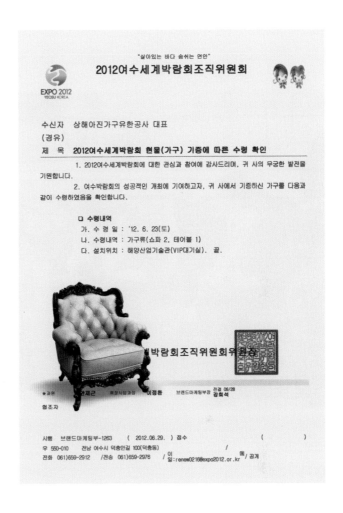

输送产品到韩国世博会 / 2012

　　2012年6月, 宫廷系列沙发被荣耀选送至韩国丽水世博会, 陈列于海洋馆内, 参与了中韩两国共庆20年友谊的盛会。

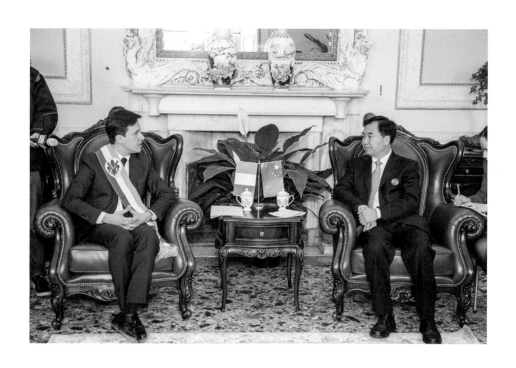

为中意设计交流添彩 / 2014

　　2014年3月, 亚振多款产品被上海管理部门指定, 送到"中意设计交流中心"驻佛罗伦萨基地, 作为"上海创意设计""中国设计"的家具代表, 并长期陈列。

品牌培育 / 2014

　　亚振励志打造"海派艺术家具"民族品牌的文化战略举措，受到了上海市政府和国家部委的高度重视与肯定。2014年5月，亚振被国家工信部正式推荐成为"国家工业品牌培育示范企业"。

绽放米兰世博 / 2015

MILANO 2015
NUTRIRE IL PIANETA
ENERGIA PER LA VITA

2015年5月，亚振结缘米兰世博，向世界展示了海派艺术的魅力。受米兰世博中国组委会委托，企业为中国国家馆特别研发独具特色的家具，体现中国人在东方与西方、传统与现代等方面的思考。

薪火相传 / 2015

　　2015年6月,亚振被上海市非物质文化遗产保护中心认定为"海派家具制作技艺非物质文化遗产"保护单位。高伟先生接过水明昌海派技艺第3代传承人王健大师传递的火种,薪火相传。

产品战略升级 / 2016

　　2016年，深耕古典家具24年的亚振毅然华丽转身，对产品战略大调整。它从专攻古典家具，到古典、现代产品齐头并进。此时起，企业每年推出多个现代系列。

上市 / 2016

2016年12月,亚振在上海证券交易所正式挂牌上市。这标志着亚振家具进入全新的时代,成为"社会的企业",向"百年民族品牌"的宏大愿景更迈前一步。

亮相阿斯塔纳世博会 / 2017

2017年, 沿着品牌国际化的道路, 亚振第四次结缘世博,
在阿斯塔纳世博会上展示海派家居的魅力。

在匈牙利展示中国家居文化 / 2018

  2018年6月，为了响应国家"一带一路"倡议，向世界讲好中国故事，亚振在匈牙利首都布达佩斯展示"上海客厅"，做好中外文明交流的使者。

AZ1865被国际专家认可 / 2018

2018年9月,国际家具标准化会议在1865园区召开。来自全球的家具专家们对亚振以匠心做家具的精神大为赞赏,对带有东方气息的AZ1865系列赞不绝口。标准化会议主席Marco Fossi说:"(AZ1865)这个系列特别有价值感,桌面的铜条装饰,明显是匠人的手工之作。"

协助政府办好进博会 / 2019

　　2019年11月，亚振荣耀助力第二届上海进博会，向来自五湖四海的嘉宾呈现中西合璧的海派家具之美。当问及结缘进博会的初衷，高伟先生说："一百多年来，东西方文明的深入交流，让中国人的居家生活从传统走向现代，与国际接轨，也带来了当代精致的人文生活。二十几年来，亚振从中得到了很多……我希望协助政府办好进博会，让更多的人共享中外文明交融带来的好处！"

有文化情怀的亚振

文 / 傅才武

美国学者罗兹·墨菲说:"上海是两种文明汇合,但是两种中间哪一种都不占优势的地方。"自1843年开埠以来,中西文明在上海的全面交汇,西方文化观念和形态对中华文化母体的全面渗透,使百姓的吃穿住行发生了翻天覆地的巨变,源发于上海海派文化基础上的海派家居则是中西合璧的典型产物之一。中国知名企业"A-Zenith亚振"以"弘扬海派家居文化,争做一流民族品牌"的理念和独具一格的家具产品,成为当代家具行业中的一颗璀璨明珠。

作为海派家具制作技艺第四代传承人高伟董事长的好友,我本人有幸数次参观"亚振海派艺术馆",每次都被那些体现在亚振家居产品上的那种大气、典雅和生动的气质所吸引。工艺师笔笔生花的雕刻及着色,国际化通用的文化符号,体现在手工雕刻纹饰、艺术拼花图案、手绘纹样等氤氲的东西美韵,娓娓道来一段又一段意趣十足的产品制作"故事",构成了我对于创始人高伟及其亚振企业文化的认知和感动。

1979年,高伟的第一件作品"骨牌凳"成为海派ART DECO经典风格,点亮探索海派家具的思索之光。1997年,塞维利亚系列;2001年,宫廷沙发;2005年,人民大会堂家具;2006年,乔治亚系列;2008年,威尼斯椅;2014年,"海派印象"系列……形成了亚振家具的品牌体系,缔造了西式经典、东方人文、当代简约、固装定制的产品家族。在创始人的引领下和精致产品保障下,"亚振"从上海走向全国,从"百姓日用"荣登人民大会堂,入驻上海——佛罗伦萨中意设计交流中心,一步一步走出国门,从无名之辈到声名显赫,成为海派家具业的翘楚。

这些成绩的获得,一是长期坚持的结果,二是得益于企业长期以来秉承"追求极致,永无止境"的企业文化,得益于亚振"设计立业、诚信经营、文化兴业、科学发展"的经营理念。正如高伟董事长所言,"打造员工的企业、社会的企业,通过亚振平台,一起服务居家社会,是我创业的初衷……"

在我看来,"亚振"之美,不仅在于其高品质的产品和服务,更在于其产品背后的那种生生不息、薪火相传的匠心及企业家精神。"40年的执着坚守,只为做好海派家具这一件事!" 亚振创始人高伟既如是说,也如此做。不仅自己做到,还带领全公司的员工做到。正因如此,亚振才能从市场之大浪淘沙中脱颖而出,成为中国驰名商标,且获得殊荣颇多。回溯企业历史,滥觞于1985年,年青的高伟赴上海学艺,有幸入王章荣先生门下,成为海派家具制作技艺的第四代传承人。1992年,沐浴小平同志南巡后中国改革开放的又一阵春风,高伟在上海创办"A-Zenith亚振"品牌。他带领其他17位创业元老,秉承匠人之心,创造性地将海派家具制作技艺与现代化生产工艺相融合,形成独一无二的"36个环节,400多道工序"的产品质量控制系统。另立足于"海派"文化的特征,引入国际化的设计团队,国际化的观念和视野,精致尚雅生活方式与人文创新的设计,得以形成亚振的美学之道"形、神、意"。

"亚振"之美,在于其家居产品所体现的具有中西融合特性的海派文化之美。尽管不同时期的亚振产品,要满足人们对美的差异化追求;但"以人为本、海纳百川"的海派文化追求一直未变,这种融入亚振企业中的文化情怀和眼光,有利于其博采众长,融合创新。拥有这种价值理念的"亚振",既是家具企业,以做家具产品为目标,但又不仅仅只是做家具。"亚振"创造性地将手工雕刻、艺术镶嵌、立体涂装、软包塑型等非遗手工环节巧妙地融入到现代化生产工艺之中,并不断融入国际先进的设计制作理念。将传统工艺之美、创新设计之美、海派文化之美倾注于家具之中,让古老的非遗熠熠生辉,又能让消费者享受其浪漫主义的海派文化邂逅东方艺术的含蓄之情,东西合璧,神形皆备的典雅舒适之美。

"亚振"之美,还在于其着力建构"文化+家居"的品牌内涵,做非遗文化传承创新的践行者和示范者,如高伟董事长所言"只要找到路,就不怕路远"。"亚振"坚持打造品牌的朴素思想,以淳朴之心 "学家具、做家具",用智慧之境"做品牌、做文化";沿着产品—品牌—文化的方向不断前行;搭建了国内外设计交流平台,共同探索海派设计的发展;努力构建现代生产集群,高端智造引领行业高度;引入研究院为产业发展提供智力保障,创设生产营销的全业务智慧管理系统。在科技创新紧逼、用户审美日新月异之际,"亚振"之路却越走越宽,越走越远。其最为核心的理念，还是在于用文化引领未来，将海派文化融于设计之中，如国际化的设计团队为产品赋能，"外滩先生"Gwen将法式生活的精致和考究融入亚振空间；艺术总监Luca将爱马仕的时尚和优雅之魂融入海派设计；前设计总监Phyllis把美国比弗利山庄的"奢华风"融入亚振设计。无论产品外形如何变化，但是内在的基因不变，即是亚振人以文化引领产品前沿的不懈努力。

因缘际会，海派文化的崛起与风靡，使"海派文化"成为了表征近代上海城市文化的一个典型符号，其流风所及，影响触及于百姓日用的各个领域。尽管对于海派文化的风格特点及其功能价值，文化界和史学界至今仍然存在争议，但其借助于市场经济、满足大众市民需求的本质，以及融合中西美学观念和表现形式的文化形态，却得到了市场的喜爱。对于芸芸众生而言，"生活不仅眼前的苟且，还有诗和远方"，如果能够在家中的斗室之内唤醒生活的诗意，岂不是这个尘嚣社会中我们大家追求艺术化生存过程中的一抹亮色？唯愿亚振人继续秉承这种文化情怀，传承和创新海派文化，为人类的家居文明谱写一段佳话，为家具行业留下一段传奇。

自古以来，中华民族就以"和合会通"的气度拥抱异域文明，呈现出宽厚和兼容并包的精神。在吸收异域文明精华的过程中，还一直保持本民族文化的本位立场。亚振海派家具包容并蓄、开放创新的文化个性，就是中华和合会通之"道"即于家具之"器"的反映。立足本来、吸收外来、面向未来，是当下中国文化的主旋律，也是趋势所在。2020年5月，亚振集团编撰《做有文化的产品》一书，不仅对亚振产品文化、品牌渊源进行了系统梳理，为进一步增进企业文化建设助力，而且也是为百年品牌之发展保存史实资料，以鉴未来。

是为序。

武汉大学国家文化发展研究院院长、教授
傅才武
2020年6月2日于武昌珞珈山

我眼中的高伟

文 / 李守白

翻开亚振家居送来的书稿，深入了解亚振文化和品牌创始人高伟的心路历程，心中自有一番感慨。

作为高伟的老朋友，我完全理解他的心境，我们有非常相似的地方，那就是有一股铆劲儿，几十年来都只专心做一件事，坚持着自己的理想而不断攀登，既要低头耕耘，还要抬头看天；既要鼓起勇气战胜所有困难，还要带领伙伴们不断铆劲前行。这是我们这代人的普世价值观吧。

为了把事情做好，从孩提时代我们就一直保持不断学习的劲头，直到今天还在思考和学习。为了做出好作品，需要不断打破传统，在"破"中创新，让传统重生。无论绘画还是做家具，都一样，这真的需要相当大的勇气和智慧。因为，突破之后的结果是未知的，需要承载更大的平台和应对更多的挑战。如今我欣喜的看到，高伟带领的亚振研发团队不断开发的各式家具产品，完全保留了中西合璧海派家具的"人性化"基因，真正以"人"为本，为"生活"服务。家具外形则突破了传统局限，更具时代感，更具海派新时尚。

我衷心希望亚振品牌发展越来越好，也希望高伟能带领他的团队，勇往直前，取得更大成功！

上海市文联副主席、民协主席、守白艺术创始人
李守白
2020年5月23日

以东方的自信弘扬新海派

文 / 许美琪

亚振公司的许锦芝女士写了一本书《做有文化的产品》，介绍亚振的文化理念。她希望我为此书写一篇序。亚振公司是我的老朋友，高伟董事长更是我心仪的企业家，因为他对海派文化的热爱和身体力行的推广，于上海滩上重显当年海派家具的风采，而且更加发扬光大，向全国推广。这使我感到无比欣悦。

家具的本质是什么呢？它是一种深具文化内涵的工业产品，实际上表现了一个时代、一个民族的消费水准和生活习俗，它的演变实际上也表现了社会、文化及人的心理和行为的认知。家具是人们生活中必不可少的器具，在现代社会中更成为生活方式的载体。家具的本质决定了我们怎样去思考它的过去和未来。因为现代人是这样一种人，他是站在过去和未来的桥梁上的人，既背负着传统，又展望着未来。

海派家具融合了中西文化，在当年兴起的时候是屈服于西方的强势，用弱者的方式来迎合和承接，我们姑且称之为"旧海派"。而在当今时代，我们有了更自尊的心态，更宽阔的眼光，我们以东方文化的自信，更包容地吸收西方家具的优秀要素，因此就有更多的理由创造出不同于"旧海派"的"新海派"。亚振人为此做出了巨大的努力，并取得了广泛的社会认可。这种新海派家具是更适合现代中国人生活方式的、更能体现他们对美好生活向往的产品。我坚信，由于亚振的这些贡献，而使它拥有更美好的未来。

是为序。

原上海市家具研究所副所长、《家具》杂志主编
许美琪
2020年5月21日

亚振家居 融贯中西

文/关 琪

我和许锦芝老师是朋友，由于工作的关系，常在文化传播上多有交流。许老师是品牌推广的专家，多年致力于亚振企业文化的研究和传播，著有多部专著，《做有文化的产品》就是一部基于对当代家居文化的研究以及对海派家具不断探索的力作。

　　中华民族有五千年的文明史，在人类的历史长河中，有多少东西都成为过眼烟云，但家居生活无时无刻不融入在人们的日常生活之中。早期先民从席地而坐到垂足而坐，反映出社会的发展和社会礼仪的进步。起居方式的不同体现出人类起居习俗文化的差异，告别席地而坐证明了中华民族海纳百川的胸襟，随着社会的不断发展，文化习俗的交融也日趋明显。家具是家居生活的重要组成部分，也是人类文明生活的必需，中国家具的文化元素是基于晋唐以来逐步形成的"文人意识"，作为一种优雅情怀、一种人文格调的"文人家具"，具有独立于世界的民族文化内涵。

　　中华民族崇尚文化交融，对优秀的外来文化元素，都是以宽容的心态加以吸收利用。从北京圆明园的断壁残垣，亦可窥见近代中西合璧建筑文明的印记。纵观当代家具，林林总总，有坚守中式传统的，有以西式家具为目标的。海派家具独树一帜，融和中西优秀的元素，既符合当代人的审美需求，又有自己独特的风格调性，是中华家居文明中的一朵奇葩。作为海派家具的代表，亚振充分吸收东西方优秀的家居文化元素，聚集了国际顶尖家居生活设计大师等专家团队，为满足人们追求美好生活的愿望，做家居文化消费的平台。正如亚振创始人高总所言："与一群真心热爱家居行业、和我有同样激情的人，为了共同的目标一起工作，给人们打造精致高雅的生活空间。"

北京故宫文化传播有限公司 副董事长

关　琪

2020年5月26日

目　录

做有文化的产品

做有文化的产品

做有文化的产品

第一章

品牌溯源

　　我希望亚振是这样一个公司：一群和我有同样激情的人，真心热爱家居行业，为了共同的目标一起工作。我们以亚振为家，通过这个平台获得个人成长、服务居家社会，最终得到人们的尊重。

亚振品牌创始人

第一节　入行学艺

一、拜师入行

1979年农历五月，高中刚毕业的高伟，在母亲的陪同下，前往邻近的村子，来到木工李建甫的家中。从小被高伟称作姨妈（母亲的同学）的家，正巧也紧挨着李建甫的家。听姨妈介绍，这位看似年龄并不算很大的木工师傅却拥有一手不错的手艺，在村子里的人缘口碑也很好。

自小时候起，高伟经常有机会看到会木工手艺的舅舅，还有同村的木工老师傅们（现上海亚振员工张爱兵的太爷爷和父亲等）干活。看着从刨腔中吐出的刨花和锯齿中飘落而下的细末；听着斧子、凿子加工木材时发出的声音；闻着从劈开的木材中散发出来的树枝原香，一阵子的忙活之后，原先散落一地的木头，在艺匠的巧手中，最终变成了一件件漂亮的家具，这给年幼的高伟带来了不小的惊喜。随着年龄的增长，这份带着童真的惊喜，也慢慢地变成了一份深深的喜爱，甚至在一次甜蜜的梦乡里，他梦见自己已经长大，也学会了木工的技艺，做成了一件亲自设计加工而成的漂亮家具。

稳健干练的李建甫师傅不吱一声地看着高伟和陪伴在他身边的妈妈许久，过后还是没吭一声地又把他们母子俩人带到了自己的师傅王松李家中。他是一位在当时如东县颇具名气的大师傅，也就是亚振创业18人之一陈刚先生的父亲。两代师傅用匠人独具的慧眼，认真打量站在面前的这位略显腼腆的大小伙子。淳朴的眼光像似有着很强的穿透力，透过年轻人的衣衫，直达他的胸膛。良久，只见师爷对着自己的爱徒一番轻声耳语之后，传来李建甫师傅沉稳的话音："我看这孩子机灵、吃得起苦，学木工能成。"就这样，那年才26岁的李建甫师傅将刚满16周岁的高伟收为他的第一个"开门弟子"。

妈妈带领高伟走向邻村李建甫家中的那段路，竟然成为朝着他实现孩时梦想前行的启航之路。

二、缘起骨牌凳

自成为李建甫徒弟之日起，高伟用心学着师傅干活，两眼紧紧盯着师傅作出的每一个"招式"。几个月后，勤奋的他，晚上会将工具悄悄带回家中，重复师傅白天做过的每一个动作。1979年的如东农村还比较贫穷落后，整个村子都没有通上电，夜里家中得靠点亮煤油灯照明。看着自己孩子的刻苦，母亲都会无声地站在高伟的身旁，用双手托起昏暗的煤油灯，把灯芯捻亮，帮助高伟照亮前进的方向。

1979年的隆冬，姨妈家的女儿快要结婚了，这让高伟的妈妈多了一桩心事。在农村，自己的干女儿要办喜事，做干妈的怎么也得送上点像样的东西作为礼品才好；可当时的农村，每家每户的生活都不宽裕，自己家中的经济状况也十分拮据，这让母亲的眉头为之紧锁。

天黑了,家中的那盏煤油灯又被点亮了,在摇曳的光灯光,看着学艺渐成的高伟,用一块斜支起的木板当工作台,在上面用心地学做木工活计,妈妈的心中渐渐有了主意。第二天的晚饭后,不等高伟摆开家什动手,妈妈对儿子说出了自己的想法:"就用你刚刚学会的手艺,给姨妈家打两把凳子吧,既实用,又很有意义。"

一心想着尽快学习掌握更多木工技艺上的高伟,在听了妈妈的话后,回答道:"能行吗?"

"当然可以,只要你用心,一定行。"妈妈的鼓励顿时激发了蕴藏在儿子心中的信心。

不久,在妈妈的油灯照亮下,高伟仿制并独立完成了他家具人生的第一件作品:一件海派Art Deco经典风格的家具——骨牌凳。当时由于经济困难,制作骨牌凳的木料是准备为自己家里打制家具的木材。这些木材是十几年前父亲在屋前栽下的几株栎树苗长成的,年前刚被伐下晾干。

图1-1 骨牌凳

与从小看惯的板凳不同,海派家具采用独特榫卯结构,拥有中西合璧的风格造型。过去只有在大户人家才能见得到的骨牌凳,让姨妈和表姐全家人在得到了这件特殊的贺礼后都非常高兴,觉得在自家的厅堂中摆上这样一对凳子既实用,又显得很有面子,就连四周邻里也都由衷地发出羡慕和赞美的声音。

一对小小骨牌凳,竟会博得周边人如此喜爱的情景,引起了少年高伟的关注,由此点燃了进一步探索海派艺术家具奥秘的愿望。

三、海派家具的由来

于1905年左右，欧洲兴起了一股"新装饰艺术运动"的热潮；1925年，在法国巴黎举办的首届装饰艺术与现代工业的国际博览会(International Exhibition of the Decorative Arts)，更是把"装饰艺术运动"推向了高潮。博览会的简称—Art Deco也成为"装饰艺术运动"流传于世的文化符号。

"Art Deco"文化的全盛时期出现在1925年至1935年期间，恰逢自1843年11月17日上海开埠以来，中国早期民族资产阶级蓬勃发展，海派文化的发展也在同一时期进入了一个辉煌的阶段。包容开放的海派文化把国外时兴的具有Art Deco风格的家具、装饰、建筑文化引入中国，正是顺应了历史发展的潮流，并由此促进了海派家具的大发展。

中国作为东方文明古国，早在两千多年前，木工就已经在先祖鲁班的手中发扬光大了。在漫长的历史沿革进程中，一批批优秀的木工匠人们在儒释道文化思想的熏陶下，运用手中娴熟鲁班技艺，打造出许许多多蕴含中国天人合一优秀传统文化思想和内涵的中式家具，并由此产生出一些颇具影响、并具有鲜明地域文化风格特质的流派，如雕工细洁的苏作家具，雕工繁琐的京作家具，用料硬朗的广作家具等。在早年的上海，以及江、浙、皖地区乃至我国东、南沿海城市中占据了很大的份额。中国传统家具的风格还可以按照不同的帝制年号进行划分，如深得世人称颂的明清家具等。明式讲究线条简洁流畅，清式重视纹饰优美、重工雕刻，分别成为当时的皇室以及社会贤达之所爱。中国传统家具的分类又有"宗庙家具、外房家具、内房家具、书房家具"等几大类型，在古时的中国可谓品类丰富琳琅多彩。而自上海开埠之后，由于租界的划定，外国领事官员、传教士、以及洋商的陆续来沪，洋家具也随之而来，登陆上海滩的原装西式白木家具首先被洋务官员和洋行买办所接受，随后新兴的城市中产阶层也开始效仿西方现代生活方式，进一步助长了西式白木家具的流行，于是一些英、德等国的商人干脆在上海设厂产销西式白木家具。这种具有经典欧洲文化韵味的西式风格家具,通过海派文化这座跨接东西方两种不同文明的文化之桥,被引入了当时的上海,并很快融入当时的上流社会,成为追崇东情西韵生活色彩的达官贵人、文人志士、商贾富豪所心仪的居家必选。

四、先贤张謇的启迪

近代史上许多著名的人物都与海派家具结下了不解之缘,其中就有曾被毛泽东赞誉"中国轻工业不能忘记的南通张謇"。

清末状元张謇(见图1-2)是我国近代民族工业的开拓者、实业家、教育家,一生秉承知识救国、实业救国的理念,开办了多所学校、银行和企业。1919年,又应著名戏剧家欧阳予倩提议,在南通创建了"更俗剧场",以达弘扬国学文化之目的。

图1-2 清末"状元实业家"张謇

图1-3 南通更俗剧场内的梅欧椅

1920年1月,京剧表演艺术家梅兰芳首次抵通,与欧阳予倩在更俗剧场同台演出。为纪念俩位南北名家汇聚南通同台弘扬中华国粹壮举,张謇特辟"更俗剧场"会客室为"梅欧阁",如今在南通张謇博物馆内展出的珍贵照片中,当年置放在"梅欧阁"的扶手靠椅雅韵超俗,如今已由亚振成功研制复原,并命名为"梅兰芳扶手靠背椅"(见图1-3)。

张謇一生爱国,在风雨飘摇的20世纪初,他还以赤子之心,在纽约设分局,发扬传统苏绣和中西结合的仿真绣("沈绣")艺术;并数次选送酒类产品至世博会,在国际舞台上弘扬中华酒文化!即便在其亲手创办、设于美国纽约第五街的南通绣织分

图1-4 张謇设在纽约的南通绣织分局会客厅

局会客厅内，摆放的家具也是由其亲自选购、出自上海的海派家具(见图1-4)。张謇以他拳拳爱国之心，把海派文化同西洋时尚完美融合，在异国他乡世人面前充分展现国人自尊的义举，成为海上千古佳话。

当年他曾经居住、工作过的张公馆内(如今已成为面向社会公众开放的张謇博物馆，南通市爱国主义教育基地)使用的家具，也全部都是出自那个年代的海派家具(见图1-5、1-6)。

图1-5 张謇故居

图1-6 张謇故居陈设的海派家具

张謇开放融通的海派精神、以人为本的理念、敢闯敢干的作风，影响着无数乡邻后辈。一方水土养育一方精英，受到"开放融通"江海文化的滋育，从小被张謇"实业报国"精神激励的高伟就拥有一颗积极进取之心，这也为他日后一心专注于办家具实业奠定了坚实的思想基础。

透过催生海派家具"萌发、沿革、演化、形成"这一特定的历史人文视角，海派家具承载的西方人对于家居思想的理解和艺术人文表现手法，以及东方人"聪慧、创新、包容、与时俱进"这种不屈不饶、锐意进取的精神力量，经过不同历史发展时期积淀、升华、提炼而成的各种海派西式家具流派魅力的载体，同海派文化独有的"海纳百川、中西合璧、兼容并收、雅俗共赏"丰富内涵一样，成为激励国人乃至子孙后代实现"复兴中华"伟大梦想思想宝库中珍贵的文化财富。

深得文人雅士、商界富贾、名流政要所钟爱的海派家具的兴起，为推进中国家具的发展与进步作出了无可替代的杰出贡献，成为见证一个时代进步里程碑式的永远骄傲。海派家具低调奢华的调性，和"无雅无俗、大雅大俗、雅俗共赏"的人文魅力，令拥享者真切体悟到因其而至的自尊与惬意，以及由此而生延绵不断的久远影响力。

这段曾经催生海派文化和海派家具生成的沧桑历史，对于那时还远离上海、自小生活成长在南通以东紧邻黄海如东农村的高伟来说，一切还都是陌生的。然而，他的内心却因骨牌凳而引爆出无尽的畅想。一款西式家具，因其不同于中式家具的特质，迅速得到国人认可的现象，让青年高伟的内心希望一探海派家具究竟的强烈欲念由此点燃。随着时间的推延，不但没有休止，在经历持续的升温与发酵后反而愈发变得强烈。通过后来潜心研究和艰苦挖掘，终得文化真源，成为日后形成A-Z文化的缘由与始源。

第二节　知识求索

一、闯荡上海

　　1983年,已熟练掌握传统木工制作技艺的高伟,以临时工的身份考进老家如东县城唯一的装饰木器厂,干上了木工活。到了1984年,已经在木器厂工作了近两年的他,由于是农村户口的原因,而不能被转正成为一名正式的工人,这件事在他的内心产生了不小的震撼。为了寻找未来更好的发展,他与当时的另一位临时工工友孙明一道,选择了离开如东木器厂。在之后的一年时间里,高伟经常肩背工具箱,穿行于如东掘港县城的街头巷尾,熟悉门户,承接居民家中的木工零活。镇上小补小修的活计还挺多的,有时会让他忙得应接不暇。但一有闲暇的高伟就会制作几件日用的家具送到掘港街上一家日用品调剂商店寄售。快则几日、慢则等上个把月,自制的木家具便能售出。凭着手艺人一双起早贪黑勤劳的巧手,日子虽然过得紧凑,但在那个年头里也还算是宽裕。

　　1985年5月头上,从时任江苏如东装饰木器厂副经理的张仁保师傅处传来一个好消息,该厂接到"上海家具技术服务中心"的一个加工订单,上海县纪王乡急需一批技术能手。就是这个不经意的消息，却让高伟的内心为之一动，这是一个很好的机会，去上海工作，既可以解决工作生活的着落，又可以实现曾经念想许久、前往海派文化发祥地上海的强烈欲望。于是下定决心，和一群如东同乡一道，第一次离开家门，跟随当时负责带队的张仁保，辗转来到上海，开始了凭艺谋生、继而实现探寻海派家具制作技艺奥秘的木工生活。在这里，高伟第一次认识了上海纪王家具技术服务中心的投资人黄惠平。

二、吴淞装饰木器厂

初到上海，出现在眼前情景与原先心中憧憬的景象差距很大，那时上海的郊区生活条件也很艰苦，从如东一起过来的工友们夜晚就倦身睡在极其简陋的工棚内，白天则拼命地干活。坐落在上海纪王乡的"家具技术服务中心"其实是挂靠在当时"上海家具研究所"下面的一家合作单位，这次承接的订单就是为当时在上海颇有名气的"解放家具厂"贴牌加工生产一批沙发、椅子等家具产品。没过多久，订单任务完成了。那时恰逢北京在亚奥理事会上成功获得了承办第十一届亚运会的资格。将于1990年在北京举行的亚运会，是中华人民共和国在自己的土地上举办的第一次综合性国际体育赛事，也是亚运会诞生40年以来第一次由中国承办的亚洲运动会，中央政府高度重视，北京为筹备这届运动会投入了大量的人力物力，用于接待来自亚奥理事会成员37个国家和地区的体育代表团运动员的北京亚运村也正式拉开建设的序幕。张仁保带着一大批从如东来上海的工人们，踏上了北上的征程，驻进了亚运村的施工工地。而已经完成了家具技术服务中心加工订单任务的黄惠平没有随同北上，也没有马上返回如东，而是选择继续留在上海尝试开启他的创业生涯。凭着他那过人的胆识与丰富的人脉资源，1985年6月中旬，黄惠平在上海吴淞地区一处部队的老旧营房里（水产路50号），创办了当时的"上海吴淞装饰木器厂"，原纪王乡的"家具技术服务中心"的业务也由此转移到了新成立的吴淞厂。

梦怀探寻海派家具制作奥秘的高伟既没有跟着大部队去北京，也没有重回熟悉的掘港老镇，而是决心抓住这个可以留在上海发展的机会，选择了继续跟随黄惠平，进入上海吴淞装饰木器厂，当上了一名技术工人，朝着内心执念的方向又前行了一步。

三、水明昌文化

吴淞装饰木器厂成立后，为加强技术力量，厂长黄惠平迅速通过解放家具厂的技术科长王健，认识了时任"上海家具研究所技术服务中心"主任的殷友良，并通过殷友良说服了自己的拍档张连珍，把他的师父、海派家具典范"水明昌"的嫡系传人王章荣大师，介绍进入吴淞厂担任技术顾问。

图1-7　水明昌创始人水亦明

据史料记载，水明昌木器公司的老板叫水亦明，祖籍浙江鄞县（见图1-7）。1896年，年仅13岁的水亦明在乡下向别人借了一块银圆，带着一把纸伞和一只包裹来到上海滩闯荡，在上海武昌木器店开始了他的学徒生涯。因刻苦勤奋、聪明好学，几年下来，已是一名出色的营业员。他用心关注家具制作与经营的诀窍，平日里喜欢主动搭理客户，了解他们的想法与需求，由此还接触了不少外国人，学会了简单的外语会话。结束了3年的学徒生涯后，于1899年他便开始求职于海派家具的鼻祖、创始于清同治十年（1871）、上海滩上第一家西式木器公司——泰昌木器公司。由于他精明能干，很快就得到提升，从一名普通职员升职成为该公司下属分店——顺昌木器店的总经理。

1921年前后，他又筹资，与大儿子一起以每月50块银圆的租金在四川路桥堍租赁了一间房子，开店另立门户，自己经营木器生意，开设了"明昌木器店"。后又经过多年的打拼和资本积累，雄心勃勃的水亦明于1926年用二万两银子租下四川中路540号英国怡和洋行的四层楼房，正式挂起"水明昌木器公司"的招牌。公司开业后，经营的家具以欧美式样为主。水亦明有其独特的经营之道，他自设工厂，亲自动手设计家具，产品除自产自销外，也可按需定制，经营手段十分灵活。他经营的公司不仅讲究产品的外形美观，而且还特别注重内在质量。凡水明昌制作的任何一件摩登红木家具，必定采用我国特产优质生漆进行"三揩三磨"；每揩一次，都要在湿房存放一周以上，然后再进行下一次揩磨。因此每套家具仅涂漆工艺的周期就得花上两三个月，把关极严，绝不马虎。水明昌公司的产品主要以红木、柚木等名贵木材精制，设计的每一种新款式家具都限量生产，一般不超过十套。因此水明昌的家具往往以黄金计价，其主顾大多是当时的社会绅士、富商巨贾、军政显要以及使领馆的官员等，即使店面有少量成品供应，一上市便会迅速售完，水明昌家具的品质与品位更是日趋高档豪华。

在当时上海那个特定的历史环境中，由于水亦明的执念坚守和以身垂范，由他确立的这种有别于其它竞争者的经营理念，和水明昌公司所信守的"精益求精，一切为客户着想"的企业精神，成就了水亦明个人的发迹之路，也因此成就了日后蜚声中外的"水明昌"家具品牌的崛起，成为海派文化中不可或缺熠熠闪光的经典内容。

水明昌文化还为促进海派家具的形成、传承与发展，培养出不少优秀的人才。新中国成立后，因公私合营，水明昌木器公司尽管后来更名为上海解放家具厂，但作为海派家具的典范，它的传人不论身处何地，仍在至诚践行传承这支优秀文化香火的崇高使命，王章荣大师便是这样一位德高望重的布道者。

四、学习海派家具制作技艺

在吴淞木器厂简陋的旧厂房里，高伟干活的工作台紧挨着王章荣的工作台，两张工作台之间狭小的空隙中，还挤放着一张供大师设计画图的绘图台。无论手中的活计多忙，只要遇见大师带着老花镜伏案制图，好学的高伟就一定会忙中偷闲、悄悄地站在大师的身后，虔诚聚神地留意观看，不时还会用手在空中比划。勤奋聪慧、踏踌满志的高伟,因其出色的工作表现,以及对家具设计所表现出来的浓厚兴趣,很快便引得当时吴淞木器厂技术魁首王章荣大师的慧眼关注和喜爱。

图1-8 20世纪80年代,王章荣大师工作照

1985年7月底,距王章荣大师来吴淞厂担任技术顾问刚满一个月,就在这一天,大师当着大伙的面作出了一个决定,愿意将高伟收为弟子,倾情传授水明昌的独门技艺,并将自己心爱的、日常所用的工具也一并送给他。听到大师的决定,欣喜若狂的高伟先生难以抑制内心的激动,心中一下子涌起太多感慨,因为激动,只顾得点头,却想不起该怎样把心里想说的话用言语向大师进行表白。就在那一刻,他终于如愿以偿实现了渴望系统学习海派家具独特制作技艺的梦想。在随后的日子里,经常是一边干着木工活,一边聆听大师的讲解。讲得兴起,大师便会携高伟一起来到绘图台前,由大师手把手用铅笔在图纸上勾勒出一条条美丽的弧线,高伟则认真聆听,过后经常会在绘图台边上一坐大半天。熬过无数个不眠之夜,一股缘于对海派家具独特技艺的珍爱之情,通过高伟与大师心智间的交流,演绎出一段难忘的人生记忆,为后来亚振A-Z文化的形成,奠定了源自海派文化实证与理论的基础。

五、赴"高地"学习

当时的上海解放家具厂是一家国家二级企业,解放厂出品的家具因其牌子响、质量好、款式新颖,是市场上的抢手货。为缓解产品供不应求的压力,解放厂经常会委托吴淞厂为其贴牌生产"椅子、组合家具"等产品,由吴淞厂以解放厂名义制作的家具,就摆放在南京东路当时被上海"老克拉"称作"水明昌"的解放家具厂门市部里出售。("克拉"也有说"克勒"的,是英语color的音译,是指见过世面、光鲜、摩登的人。老克拉，或称为"老克勒"，指的是老上海那些阅历较深，收入较高，消费前卫，在文化休闲方式上独领潮流的都市男性族群。这些人大多出身于名门世家，受过当时的"洋化"教育，目睹或亲历了十里洋场上灯红酒绿、光怪陆离的生活方式。在上海老弄堂还有一个词，也有点相似叫"老克勒斯"，很多人以为和"老克拉"是一个词，其实不然，"克勒斯"是英语class的音译，意思为"等级、阶层"，而英语中一般把上层社会称为"class"。老克勒斯"是指有社会地位的人物。所以要成为"老克勒斯"的首要条件就是先成为"老克勒"，当"老克勒"拥有了社会地位以后才称之为"老克勒斯"。)

　　由吴淞厂生产的贴着解放厂牌子的家具，在市场上畅销的情景，让时任厂长的黄惠平内心产生了一个新的想法，一定要让吴淞厂也能具备自主开发生产好产品的能力。1986年2月，黄惠平作出了一个重要的决定，选派高伟前往"上海家具研究所"和"解放家具厂"技术科学习家具设计，为期近一年。在

图1-9　王健大师与高伟在研究老图纸

解放家具厂工作期间，师从水明昌另一传人王健的指导，再次学习水明昌海派家具设计、制作技法。

　　早在20世纪80年代，上海就是领旗全国家具设计的人才"高地"，国内一批德高望重的优秀家具设计专家云集上海各设计院校和家具研究所，其中不乏在家具文化研究领域造诣很深的王世慰、王小瑜、胡康明、薛文广和许美琪教授等一批前辈。带着孩提时代的梦想，带着求知的渴望，如饥似渴的他，抓紧分分秒秒的时间，不放过任何一次请教前辈的机会，如同海绵吸水般地尽情吸收着海派文化的精髓与养分。从各位专家和前辈那里，高伟了解到，流淌在华夏文明血液中的和合精神，是如何包容接纳西方先进的家居文化，把欧洲文艺复兴前后盛行的艺术经典，和工业革命后产生的文明与时尚，同中国的传统文化精粹相互融合，最终形成了独树一帜的海派文化，从而影响和推动了中国居家社会的进步与发展。

六、触摸老海派家具

20世纪80年代的上海，还有一个地方可以寻觅到海派家具的踪迹。在闹市区淮海中路近重庆路口旁，开有一家被上海人称作"淮国旧"的国营旧货商店，地处静安寺繁华地段的万航渡路头上，也开有一家名叫"永华日用品调剂商店"，类似的信托寄售商店，在全市其他地方还有好几处。当时因"文革"结束后，大量在文革期间被抄家的物资，因落实国家政策必须物归原主，但其中也有不少家庭，由于多种原因而无法实现归还，只能委托信托公司将这些抄家物资放在店内作无主出售。因为这批抄家物件质量上乘，其中就不乏海派家具的精品，加上正值中国改革开放初期国门打开，一些有海外关系者举家出国定居，也要变卖家产，成套的老上海家具也是通过信托公司处理，出现在上海这个特定历史阶段的旧家具买卖现象，很快便得到了沪上"老克拉"们追捧，他们怀着一种"久违了"的兴奋心情，经常是一家人或三五知己结伴前往调剂商店，选购那些自己心仪的老家具。此后不久，又吸引了一批来自内地的买家和港澳台同胞的亲睐，甚至还有一些国外的海派家具拥趸者，也不远万里乘飞机来到上海参与抢购，因此调剂商店的生意一度非常红火，这种现象直至90年代初期才恢复正常。

正是这个千载难逢的机会，又让高伟多了一处可以近距离观察了解海派家具的好去处，尽管手头工作学习的任务非常繁忙，但他还是会经常利用休息日等一切空隙的机会，穿梭留恋于各家调剂商店，用心寻觅那些平日里难得一见的优秀海派老家具的踪影，每当觅见一件造型优雅的老家具时，都会显得异常的激动。受那时经济条件的限制，高伟手中没有照相机这种奢侈的玩意儿，无法用拍摄的手段把这些老家具的珍贵画面记录下，此时的他会从衣袋里拿出事先备好的卷尺和纸笔，进行仔细的测量，并在现场徒手绘制出一张张老家具的草图，用这种最原始的方法，把这些在人们的记忆中已变得有些淡忘的海派家具，连同它所承载的优秀海派文化一起记录下来，留存在渴望圆梦的心中。

七、受命重任

旧时三百六十行中的木工匠人们，凭靠鲁班始祖发明的亘古技艺，一生行艺江湖、糊口家人、惠及世人，喷以称谓有幸。今日高伟，执念数年，坚忍不拔，终得以登峰家具设计"高地"、亲莅交易老家具的前沿市场，面临这么多前辈孜孜教诲，一睹珍稀老上海海派家具的尊容，零距离触摸海派家具文化的脉动，实乃其家具人生之大幸也。这样的机会一直持续到1987年的年中，带着深深的眷恋和丰实的收获，高伟回到了吴淞厂。

1987年的8月，起始于孩时对舅舅从事木工制作产生的兴趣，受之于李建甫师傅传授的传统木工制作手艺，得道于王章荣大师海派家具制作技艺真传，又通过深入当时中国家具行业的高地上海家具研究所，向精于家具的专家、前辈刻苦学习，现场临摹，已将海派家具独特设计结构熟烂于心的高伟，受到老板黄惠平的破格重用，领衔出任上海吴淞装饰木器厂技术厂长一职。

八、市场印记

这是一件令高伟至今难以忘怀的事情。时任技术厂长的他不负众望，针对当时上海的住房条件和婚龄青年的喜好，在黄惠平厂长的指点和推动下，运用自己通过努力学习掌握的家具设计专业知识，成功开发设计出两套极具海派文化韵味的家具产品，新品投放市场后，立即赢得消费者的喜爱。由于产品供不应求，等候提货的车辆经常在吴淞厂的门外排起长队，成为当时轰动上海家具市场的美谈。

80年代的上海，许多大龄男女青年经常为买不到结婚急需的家具而烦恼。吴淞厂家具销售的盛况，引起了当时上海市市长朱镕基的关注。1987年，在上海展览中心（原中苏友好大厦）一次举办的金海岸贸易展会上，朱市长在上海吴淞装饰木器厂的展位前驻足，现场考察并详细了解了新家具的研发生产情况。他对吴淞厂通过开

图1-10　1987年，时任上海市长的朱镕基被高伟设计的产品所吸引，向工作人员详细了解情况

做有文化的产品

发成套家具投放市场，缓解曾经让市政府头痛、婚龄青年因买不到称心家具产生的抱怨问题而采取的创新思路予以充分肯定。朱镕基现场考察时拍摄的已经泛黄的珍贵老照片，连同时任技术厂长的高伟为新品开发立下汗马功劳的事迹，和展会现场陈列展出的由黄惠平策划、时任华东设计院王世慰创意构想、高伟领衔研发设计的衡山宾馆沙发现场画面，被永久定格在历史的记忆之中，成为留在上海家具产业繁荣发展进程中一个美丽的印记。这套产品，当时也获得了"金海岸"大奖。

九、南林求学

对海派家具情有独钟的高伟，并没有满足于当时已经取得的成绩。中国的改革开放已经进入第十个年头，但在家具领域中，长期受计划经济年代所产生的思维，仍然在影响其快速发展。因家具市场缺乏更多的好家具，而无法实现人们希望与家人共享健康、温馨、舒适居家生活的梦想。博大精深的东西方居家文化所昭示的生活意境，和现实市场需求空缺所形成的巨大落差，给中国的家具人出了一道分量很重的思考题，也成为高伟日思夜想、挥之不去的一道心结。为能更进一步了解家居文化的内在魅力，解惑家具与人、家具与居家生活之间密不可分的依存关系，寻找到一条既适合中国国情、又符合民众生活需求的家具设计方向，他毅然作出了一个大胆的决定，暂时放下手中的工作，用一段时间给自己"充电"，静下心来更深入地学习和探索家居文化和家具设计。

高伟直接把自己的想法告诉了厂长黄惠平，在得知高伟的想法后，黄厂长沉思片刻，随即给予了一个同意的答复，并允诺工厂可以承担部分学费。得到了黄惠平

厂长的帮助和支持，高伟开始了紧张的备
考复习准备。尽管那时的高伟并不富裕，读
书需要的几万元学费也未曾着落，但是，感
恩的他依然认为，不能因为自己想读书而
给工厂增加负担，决定还是"自掏腰包"上
学堂。1989年10月，通过成人高考，高伟以
一名普通大学生的身份正式进入了"南京

图1-11　南京林业大学

林业大学"深造，系统学习家具设计，探研中西方多元家具文化的核心真谛。

十、班主任赵毓玲和老校长吴涤荣

平生第一次走进大学校园，高伟感觉到眼前的一切都很陌生，但却觉很亲切。

高伟报考的专业是家具设计。完成入学报到注册登记手续后，在教室里，他第
一次见到了正在迎侯新学员的班主任老师赵毓玲，一位对家具设计有很深造诣、和
蔼可亲的学者、教授。相互认识后，彼此没有太多的客套，高伟便急切地向赵老师提
问，在南林哪里能够找到他想看的书。老师笑了，让他别着急，南林图书馆中藏有他
想看的所有书籍，但眼下当务之急是先得把授课的时间记清楚，把课件资料带回寝
室。她告诉高伟，必须得先花上一点时间，厘清学习的思路，掌握正确的学习方法，
才能达到事半功倍的效果。听着老师的一席话，高伟急切的心绪慢慢地平静了许
多，内心又多了一份对赵老师的尊敬与崇拜。

正式开课了，学员们都听得很认真，一堂课下来，睿智的赵老师很快发现，在众
多学员中，有一个人的笔记做得很特别，除了详细记录下听课的要点外，还在上面
划上不少条杠记号，有的地方还打上了红色的"？"散课后，赵老师特意走近高伟身
旁，关心地询问听课的情况和感受，并现场解答了这位学员提出的几个问题。连续
几堂课以后，赵老师发现了高伟的与众不同：勤于思索、不擅言谈，熟悉传统家具制

作工艺，有很强的动手能力、理解能力和求知欲望，对海派家具怀着一股特别浓烈的情感。慢慢熟悉了课堂环境后的高伟，也与周边的其它学员、特别是赵老师有了更多的交流。

入校几周后的一个傍晚，在匆匆前往图书馆的路上，高伟遇见了迎面走来的赵老师，几句师生问候之后，赵老师便把这位自己喜欢的学生介绍给了身旁与她同行的另一位老师，时任南京林业大学副校长的吴涤荣教授。当着学生的面，赵老师毫无掩饰地向吴校长夸奖起高伟。听到赵老师如此夸奖自己的学生，吴校长不由的用眼光把站在面前略显腼腆的学生，自上而下地打量了一番，过后用一个学者特有的深沉语调告诉高伟，"今天我们认识了，以后在学习上碰到什么问题，可以到校长办公室来找我。"

回到寝室后，从同学口中得知，原来吴校长是南林第一位留学欧洲研究家具方面的博士，同时也是中国最早的一名家具专业留学博士。

这次去图书馆路上巧遇结识的吴校长，很快便成为高伟在南林学习生涯中受益良多、传道授业、答疑解惑的导师，成为他求知探索欧洲家居文化渊源、寻找家具人生正确答案的导航灯塔，并对后来亚振企业的创立、亚振家具A-Zenith品牌的建树与发展产生了深远的影响。

十一、文化发现

南林图书馆的藏书遍及古今中外有关家具的图册与文字记载，浩瀚的书海之中蕴藏着大量的东西方优秀家居文化的思想和人类文明的血脉渊源。初入南林的高伟，除了进教室听课、去食堂吃饭外，几乎把所有的业余时间全泡在了图书馆。开始阶段，高强度的阅读、超大的信息量使得他密室了阅读学习的方向。在赵老师的指导下，善于思考的他很快便总结出一套科学的阅读方法，先按照中外地域不同年份作出分类排序，然后根据不同风格进行成因比对，再分别从物理层面与文化层面上下功夫进行分层挖掘,对西方家具文化史、中国家具史、海派家具的形成均有详细了解。经过潜心艰苦的寻觅,终得其中奥秘。

他发现,中华文化是一种"礼"文化。它发源于两周,于秦汉时趋于完善,从人伦关系、社会等级、婚丧嫁娶、饮食起居、行为准则等多方面,均形成了完备的准则。家具是人类居室文明的重要载体,中华家具是华夏民族不同历史时期社会生活、文化形态和观念的直接反映。每个时期的家具均承载着相应的礼仪规范和社会文明,中华传统家具的核心特点均围绕着"礼"文化而发展,展示各时期人们的社会等级、生活习惯。

中西方家具文化存在"官本位"与"人本位"的基因本质差异。做工精湛的中式家具给人以"君王至上、礼仪至上、神圣威严"的感觉,而精美华丽的西式家具更注重将文化艺术与人体工学相融合,既能满足"自尊"心境在人的生命与生活中的定义,又不失生活本质意义上必须具备的"人文享受"。

海派艺术家具则是中西方家居文明碰撞和融合的产物,拥有和合之美及"包容、创新"的特性。它包容世界范围内的一切新思想,将优秀技法、思想、元素有甄别、有吸收地拿来使用,并在传承既往的基础上进行创新,保持与时俱进的思维,具有海派文化骨子里的"先进性、扬弃性、创造性和开放性"特点。除此之外,还融入西方文艺复兴时期倡导的"人文主义"思想,将人对舒适度、美感、实用性的需求融入家具实体中,满足人们最本质的需求,是功能美和形式美的高度统一。

海派艺术之所以产生,源于两个因素。其内因在于中华"和合文化"的基本属性,这是中华文明持续发展的核心文化因子,也是海派文化诞生的内在促动力。外因在于当时国力衰弱的环境,造成了西方文化强行渗透的现状;上海开埠、租界的出现都是这种现状的一个反映和必然产物,帮助催生了海派文化。

1842年,鸦片战争之后,清政府被迫在南京签订了中国历史上第一个不平等条约《南京条约》,向侵略者打开了闭关自守的大门。之后几十年,清政府又与西方签订了一系列不平等条约,多个城市成为西方人自由往来的门户。从此,中国开始了长达一个多世纪半殖民半封建社会的屈辱史和苦难史。但另一方面，列强的入侵也带来了西方文明，逐渐解放了国人的思想，加快了华夏古国从闭关锁国的封建社会向近现代化转变的历程。

图1-12　1842年《南京条约》签订现场

《南京条约》中，清政府在巨额赔款与割地的同时，开放广州、厦门、福州、宁波、上海为通商口岸，允许英国人在此设驻领事馆，准许英商及其家属自由居住，因而这些地区出现了其特有的居住方式。在租界上，外国建筑大量兴建，并适度融入了当地的民俗文化特色。百余年过去了，尽管沧海桑田，岁月变迁，在全国各地，无数老建筑仍默默矗立，它们以无声的建筑语言，讲述着当年东西方文明深入交融的故事，反映近代中国在"包容创新"精神引领下经历的世纪巨变。上海，有蔚为壮观的外滩万国建筑群；广州，有充满洋味儿的沙面建筑群；厦门，有秀美的鼓浪屿建筑群；天津，有美丽的五大道；青岛，有八大关；宁波，有老外滩；武汉，有江滩老建筑群……

图1-13　1930年代精致摩登的海派生活

西洋人到来的同时，也带来了西方的生活方式，包括家居产品。人们很快发现，西式家具不仅外形华美气派，使用起来还舒适宜人，完全不同于当时中华大地上常用的尊严稳重但是使用舒适度欠佳的传统家具。于是，它很快融入上流社会,成为追崇东情西韵生活色彩的达官贵人、文人志士、商贾富豪的居家首选。一时之间,上流社会在用,老百姓在看。

在西方生活方式大举进入和传播的城市,比如上海,代表中国固有文化的红木等传统家具,因款式不合时尚而深受挤压,举步维艰。其中有的一度亦步亦趋地用红木为西方侨民复制西式家具,做起"洋庄"生意来。更多的从业者都在惨淡经营中探索新路,以求适应变化的市场需求。他们广泛吸纳了广式风格的改良型红木家具的元素,来缩短与西式家具的距离,制作出大批中西合璧的家具。

随着时间的推移,广袤华夏大地,中国的传统家具,在海纳百川的变化过程中逐步显现出中西合璧家具的雏形。其中,老上海著名的海派家具有"泰昌""张万利""乔源泰""水明昌""毛全泰""张元春""周祥泰""艺林"等;天津的知名品牌有"惠福"木器行(天津家具五厂前身)、"裕兴顺"木器行、"华洋"木器行;老武汉有"裕昌泰"号、"乾泰裕"木器号(1949年后,"乾泰裕"先后改名为"乾泰裕木器厂""武汉家具厂")、"包万利"木器号等。在这些不同城市生产的红、白木家具,风格亦中亦西,"中"代表了中国传统的生活方式与文化认同,"西"则代表了西方国家的都市现代生活方式和满足部分觉醒时尚人士的向往。比如设计的老虎脚,看上去是中式的,而采用的纹饰却是中西合璧的时尚之作,这就是海派艺术家具的滥觞。

进入20世纪10~20年代,中国发生了新文化运动,中国人开始穿西服,剪辫子,随之而来的是家居革命。上海、青岛、广州、哈尔滨等许多城市里,新兴的中产阶级和文化人士、工商业者都开始追捧中西合璧海派家居,供不应求。上海及其周边城市,走在了时代最前沿。

图1-14 传统的客厅陈设,反映了中华"礼"文化

以海派艺术家具为代表的款式、新品类的出现,是中国家具从传统走向现代的起点,标志着中国居家生活方式与世界接轨。因为海派家具的出现,使众多新样式

图1-15　20世纪出现的新式客厅陈设，营造平等、舒适沟通氛围，折射了人性化思想

的家具品种诞生了。这些新品种补充了传统家具品类的不足，更适应城市生活的需要，对中国传统的家具品类有极大颠覆。它改良了中华传统家具以床榻、几案、桌椅、箱柜为主要格局的模式，沙发、长餐台、餐椅、片子床、挂式衣柜、斗柜、吧台、陈列柜、牌桌、穿衣镜、衣帽架、转椅、独脚圆桌等家具品类的出现，更适合现代人的居住环境和城市生活方式，改变了人们的居家习惯。

不同年代的海派家具，均代表着这个时期人们的生活美学倾向，适合当时的生活方式。产品外形要随着时代发展而变化，它可为古典风情，也可为近现代简洁款式，甚至融入科技化、智能因素。但是，贯穿其中的"以人为本"宗旨始终如一，不断汲取外来营养、融入最前沿的技法来创新设计和制作产品的精神不变，这就是"海纳百川，包容创新"的海派精神。

以上这些重要的研究发现，对他未来家具人生发展轨迹的形成，产生了非常重要的影响。

1991年7月，高伟的求学生涯暂告段落，取得了"南京林业大学"颁发的"家具设计专业"文凭。在"南林"期间所取得的丰硕研学成果，为他日后实现华丽转身、展翅翱翔居家世界、成就精彩而又幸福的家具人生，奠定了坚实的思想文化基础。

第三节　创办亚振

一、迷茫

  1991年8月，完成学业的高伟，带着丰硕的学习成果和一颗感恩的心，重新回到了曾经让他有幸接触了解海派家具的吴淞厂，希望能用学习掌握的专业知识，为企业的发展发挥更大作用。

  高伟将其全部的精力投入到新品的研发中，没过多久，几款根据西方家具理念开发设计的试样家具问世了，不同于传统中式家具的西式造型和欧洲图案纹饰的大胆应用，引来了当时旧体制下部分属地直接参与吴淞厂经营决策领导的质疑与担心，感觉年轻人的想法太冒风险，陈旧的老观念让他们觉得还是生产传统产品更为保险。倾注了高伟大量心血和满腔热情的新品由此被打入"冷宫"，这让他的内心感到非常失落与痛苦。而后，他又发现，在他离开的两年时间里，由于种种原因，企业已经发生了许多变化，原来融和团结的氛围变得淡薄了，企业内部来自不同地方的员工，在一些不健康的思想影响下，慢慢分成了不同的派系，经常为了一些工作上的问题而争吵。高伟为之忧虑、痛苦，并试图通过更加勤奋的努力来改变这一现实。然而，残酷的现实却让踌躇满志的他深感无奈。

他急切希望用自己已经掌握的家具专业知识，为希望过上美好居家生活的人们制作好家具。但现实状况的反差，让从小就梦想成为家具工程师的他，内心产生了迷茫。未来的圆梦之路在何方？

二、担忧

一直关心海派家具发展的高伟此时也发现，整个社会，老海派家具面临着困境，发展前途堪忧。很多老海派家具被遗忘在角落里，没有引起足够重视和被妥善保护、收藏、复原。记载着海派家具及其技艺的文献、图片、实物缺乏整理和挖掘，宝贵的历史记忆正在快速流失，有限的见证人也在慢慢逝去。制作海派家具，需要多年的实际操作经验，而当代年轻人能静下心以此作为一份事业、钻研技艺的不多，面临手艺失传的危险境地。

这些现状让高伟感到心有余而力不足，经常忧心忡忡。

图1-16 高伟先生收藏的孙科用过的老海派棋牌桌椅

三、启迪

1992年的1月18日至2月21日,中国改革开放的总设计师邓小平与他的家人乘坐火车南下武昌、深圳、珠海、上海等地,并沿途发表了重要讲话。

这一年的3月26日,《深圳特区报》发表了长篇报道《东方风来满眼春——邓小平同志在深圳纪实》。之后,中央领导又指示新华社及时将小平同志一路发表的谈话内容整理后正式发布。这就是历史上著名的"邓小平南方谈话"。

图1-17 高伟先生收藏的孙科用过的老海派卧室家具

这年的4月,也就是在听到了小平南方谈话后的不久,高伟把他内心的忧虑、痛苦和想法及时告诉了自己在南林学习时的导师。

听到了学生的想法后,吴涤荣老校长与高伟进行了一次深谈。首先,吴校长帮助一起分析了中国家具市场的发展趋势。中国改革开放的十年间,从国家发展战略思考的层面上看,经济转型必然向着工业化的方向迈进。快速发展的工业经济需要更多的农民工进城工作,城镇化的进程步伐会因此加快,从而推动整个社会形态的改变,人民群众对于家居生活的基本需求也会发生改变,家具市场会由此变大。现在全国人民都在学习邓小平的南方谈话,改革开放的步伐一定会加快,改革开放的形势也一定会变得更积极。另外,通过两年的大学学习,你所了解掌握的家具文化和家具设计知识,若要把它转化成工作成果,就必须通过一个实体平台来实现。现在,原先的工厂既然已经无法满足你实现这个理想,年轻人就应该有勇气走出来,走自己创业的路子。

老校长在热忱鼓励高伟可以大胆走创业这条路的同时,也语重心长地告诉高伟,创业的路上有荆棘,不同于在学校念书,一定会碰到许多意想不到的困难,甚至会遇到挫折,一定要事先做好吃苦的准备,树立坚韧不拔的信心。

听君一席话,胜读十年书。小平同志南方谈话的精神,老校长对中国未来家具形势的分析、对自己想法的解惑与鼓励,以及及时提出的忠告,犹如一股清澈的泉水流淌进了高伟原先犹豫、无奈、甚至感到有些迷茫的心池,在经过一番静静的思考之后,他的心中渐渐地有了主意:"走自主创业的路。"

四、筹创亚振

拿定主意之后的高伟,要解决的第一个棘手问题是,急需筹得一笔资金用于创业。但在那个年头,家人亲友的兜里都拿不出多少钱来,加之周边的人对年轻人的创业梦想会否成功心存疑虑,给借款又增添了不少的难度。

户美云,高伟的太太,一位同样是话语不多,但内心睿智、性格坚强的女性,曾和高伟一起闯荡上海,同在吴淞厂打工,两年前坚定地支持高伟去南林读书,此刻,当她亲眼目睹和了解了所发生的一切后,又一次勇敢地冲到了丈夫的前头,用其女性特有的温婉和亲身经历的故事,苦口游说亲友乡邻。精诚所至、金石为开,在户美云女士费尽周折的努力下,和同门师兄弟一起,终于筹得8万元钱款,为亚振的成功创业拔得了头筹。

1992年5月23号，高伟先生、他的太太户美云女士以及一批风华正茂的志向青年(被后人称为"亚振创立18人"的李建甫、曹永宏、何文锋、顾恒建、陈俊海、朱爱芳、户猛、陈刚、周顺英、冯华、张严华、高斌、

图1-18　上海亚振老厂房

何爱国、季林松、户勇 、丁春生)，怀揣由户美云筹借而得的8万元钱，在上海闸北白遗桥永和支路22号一处杂草丛生、蚊蝇乱舞的破旧厂房内，拉开了亚振艰苦创业的序幕。

高伟为即将诞生的企业起名"亚振"。

他的同学、历任中国文房四宝协会副会长的姚树信先生，亲手为企业书写了亚振历史上的第一块牌匾"上海亚振家具厂"。

1992年7月3日，"上海亚振家具厂"正式成立。企业的创始人高伟先生、户美云女士，和同驻白遗桥的一群工友们，带着一股萌念已久的创业激情和对市场懵懂的理性认知，迈开了坚毅而艰难的步伐。

五、确定经营理念

高伟先生的脑海中在思考一个问题：自己希望创建一家企业，圆亲手制作好家具的梦想。但究竟自己希望创建的企业该是什么样子？应该走什么样的路子？

为了找到这个问题的答案，他回顾了在吴淞厂时那段难忘的工作经历。在艰苦的生产实践中，通过自己动手研发的新品家具，投放市场取得成功后曾经带来的激动；当年曾有幸深入上海家具研究所学习，聆听前辈们讲述海派家具的由来、发展

及其文化缘由，分享专家解析融合东西文明的海派家具，为何会得到社会名流拥趸的理由所受到的启发。他还理性地回顾了自己因孩提时就喜欢看大人做家具，到喜欢上家具而步入家具行业，以及入行后所走过的这段路，包括在南林深造时了解到的家具发展历史、家具所蕴含的人文文化，和经过系统学习后进一步掌握的家具设计专业知识。经过认真的回忆和思考，让高伟终于想明白了一个道理：为什么有些家具能够让人在用过之后深深地喜欢上它，成为经典流传至今，而有些家具的做工并不差，用料也很讲究，但最终还是在居家社会的发展与生活形态的变革中被淘汰了。究其原因，其差异就在于被淘汰掉的家具缺少好的设计。

能否做出好的设计，关键在于设计家具的人要"懂人、懂生活、了解使用者的心理需求"。好家具的设计灵感一定源自对"家具与人、家具与居家生活"之间依存关系的了解；家具是"服务于人、服务于生活"的，所以家具的设计必须坚持"以人为本"的原则。同时，透过不同家具风格造型的背后，一定会看到所蕴含的代表不同时代"经济、文化、人文"进步的思想印记，**因此，家具的设计思想一定不能背离社会历史发展的轨迹，并要充分了解掌握当下时代的需求，始终要与时代进步的脉动保持同步。**只有把这个原理搞清楚了，设计出来的家具才会充满生命的活力。自己在南林通过系统学习掌握的专业文化知识，和之前在工作实践中积累的丰富经验，已经为"家具设计"开辟出了一条通路。

做工的好坏会影响到家具产品的质量，而设计的好坏却可以直接决定家具的生命。自己亲手创建的亚振家具厂，首先应该把"决定家具生命"的制高点"设计"作为"立业"的基石。同时还必须要换位思考、站在用户的立场上，用最挑剔的眼光对待产品质量。要把对用户、对市场永远"诚信"的态度，作为企业的"经营"理念。

"设计立业、诚信经营"后来成为亚振开业之初首先确定的经营理念。

1992年9月，亚振家具第一次提出了企业的服务理念："**今日的质量，明日的市场**"，以及"**一朝拥有，终身享受**"的服务口号。1993年，亚振又向企业的全体员工提出、并确立了"**协同奋进，合搏一流**"工作口号。

28年过去了，亚振依然坚持创业之初确立的"设计立业、诚信经营"的基本理念，并把它看作是不断完善、发展的企业文化中永远不会动摇的思想基石。亚振有理由庆幸，当初确定的基本理念是一个明智的选择。近30年来，亚振所取得的一系列成就，足以证明企业当初选择了一条正确的思想路线。

六、首战告捷

新成立的亚振，每天都得面对着来自承接市场业务的残酷竞争和企业自身如何求生存的双重压力。距离开业刚过双满月，通过极力竞标，亚振终于争取到了企业开张后的第一份大订单：为坐落在上海繁华商业圈徐家汇的中兴百货公司定制一批开架货柜，即商业道具。面对资金、技术、材料、工期的重重压力，全体创业艺人在高伟的带领下，卯足了劲，在连续熬过数十个日日夜夜之后，价值70余万元的道具如期完工，现场安装验收一次性获得通过，确保了中兴百货公司商业格局升级改造后的开业庆典活动取得了圆满成功。亚振家具的艰辛付出得到了客户的赞誉与肯定，企业创立18同仁的内心为此激动，士气大振。

在以后的一段时期内，亚振企业始终坚持以"设计立业、诚信经营"的理念为指导思想，自主研发出一系列新产品。企业也由此朝着健康的方向向前发展。1994年1月20日，在上海市总工会组织举办的93上海"金斧杯"家具大赛中，亚振家具厂GAFF-2型家具荣获"成果奖"。高伟本人也被上海市总工

图1-19 1993年上海"金斧"杯家具大赛中，GAFF-2型家具荣获"成果奖"

会、上海市劳动局授予"上海市技术能手"的光荣称号。这一年，亚振自主设计的GAFF-4型产品申请并获得外观设计专利证书。1994年的12月，亚振家具厂GAFF-5型花梨木夹板面卧房套装家具，在上海家具总公司和上海家具行业协会联合举办

的"94上海家具总公司第八届新品博览会"期间销售第一名,荣获"销售金奖"。1995年1月19日,上海亚振家具厂成为上海市家具行业协会理事单位,高伟先生被聘为上海家具协会理事。

七、出国考察

图1-20 意大利佛罗伦萨

企业在开业后两年多的时间里,接连取得的一系列成绩与荣誉,给企业的员工增添了很大的信心与力量。正当大家感到欢欣鼓舞之时,作为当时企业的创始人、亚振家具的首席设计师高伟先生,此刻却冷静、睿智地站在更深、更远的角度,思考企业未来的发展。亚振的发展一定不能走闭门造车的路,必须面对市场,瞄准国际上最优秀的家具企业,到世界上家具设计最先进的地方去学习取经。1995年4月,亚振首次组团,由高伟亲自带队,远赴意大利考察世界高端家具行业发展趋势,学习欧式家具设计理念,探究欧洲家居文化的人文精神。

这一次欧洲之行,开阔了亚振团队的眼界,把思考企业未来的心门打开了。在意大利,往往一个家具企业的发展历史可以追溯到上个世纪,不少延续了百年之久的家具品牌,今日依然活力十足,继续站立在国际家具设计的最高端,不断推陈出新。它们用最优秀的家具设计成果传承经典,引领时尚,用人文艺术思想延绵不断地续写世界家具发展的历史。

这次考察学习收获的最大感悟是:"必须向这些最优秀的国际家具企业学习,做有文化的好产品,把亚振打造成为一家受到世人尊重的中国民族品牌。"

做有文化的产品

八、传承与创新

20世纪90年代起，除了搜集、保护老家具实物，高伟还陆续收藏了上百款海派艺术家具老图纸进行研究，并根据当代人的审美观、生活习惯进行再创作。

1997年，亚振推出的14型塞维利亚产品即根据水明昌图纸原型进行重新设计，在原有基础上融入元宝造型、如意花及羊头装饰元素，颜色选取中国人喜爱的红色系，体量中等偏小，广泛适用于全国160平米以下的房型。由于此套产品紧贴大众的喜好及现实住房条件开发，深受市场欢迎二十多年。2001年6月9日，亚振家具专为国家元首度身定制了宫廷系列沙发，成为时任中国国家主席江泽民会见新加坡资政李光耀先生的座椅。党和国家领导人端坐亚振精制的宫廷沙发上，与国外政要纵论天下经政，尽显大国风范。

2014年3月，亚振自主研发的多款产品被上海市政府选送到"中意设计交流中心"驻佛罗伦萨基地，作为"上海创意设计""中国设计"的代表，长期陈列于此。海派印象系列产品旨在将东方情怀和西方艺术结合，根据当代中国的居家诉求，创新设计符合现代人

图1-21 海派印象沙发

审美观的海派风韵家具，是中西合璧的一个典型。

为体现此次设计交流合作的深远意义，同时在选送的产品上以最直观的方式展示"中国设计""上海创意设计"水平，受上海市政府委托，亚振为此次项目特别定制了"玉兰百合"大理石桌，把

图1-22　2014年3月，中意两方政府领导在品鉴"玉兰百合"大理石桌

以上海市花白玉兰、佛罗伦萨市花百合创意设计的"玉兰百合飘香图"作为桌面装饰元素,巧妙融入家具产品中。

"玉兰百合飘香大理石桌"是一件记载、见证中西方交流合作历史事件的产品。亚振所传承的海派家具艺术源于中华和合思想,包含了西方文明,得益于海派文化的"包容、创新"精神,受益于中西方的交流活动。见证中西方文化交流合作的历史时刻,并以产品诠释、记载这一历史事件,这是亚振对孕育"海派"风格的中西方土壤的感恩和礼赞,也是一个民族品牌发扬海派家居文化无尚的骄傲。

回顾往昔,岁月如歌。秉承"设计立业,诚信经营"理念,高伟带领团队开发了上千件款式各异的中西合璧家具,从古典款、现代款乃至高级定制产品,均精工细作,精益求精。如上所示的经典案例,也数不胜数。2013年,亚振还特意在如东成立了海派家具博物馆,收藏、保护海派艺术家具,全面展示风情各异的不同生活空间。

图1-23　艺术家陈佩秋女士为亚振海派艺术馆题字

经过几年精心筹备,2015年的秋天,在上海繁华的中心地段延安西路上,亚振成立了海派艺术馆,给广大艺术爱好者提供一个欣赏、展示海派艺术的平台,不断推进海派文化与世界文化之间的交流。此艺术馆由亚振首席设计师高伟携手爱马仕意大利橱窗设计总监Luca Sacchi领衔的团队,共同设计完成,由海派书画大师陈佩秋女士亲笔题字。

这一年的八月,在接受记者采访时,亚振企业董事长高伟说,"在上海做一个海派艺术馆的念头,很多年前就在心中萌生。海派艺术、海派文化、海派生活,尽管历史不长,但是不论在过去、现在和未来,都是每个时代'精致尚雅'生活方式的引领者。我们的梦想就是把海派艺术文化的空间营造好,能成为引领尚雅社会人群的一个生活方式。希望能以艺术馆为平台,让海派艺术走出上海,走进全国,甚至通往世界。"

依托亚振平台，企业在传承中创新研发海派艺术家具，弘扬海派家居文化，做了大量工作。2015年7月，经过层层审核，亚振被上海市非物质文化遗产保护中心认定为"海派家具制作技艺非物质文化遗产"保护单位。2015年4月3日，在"薪火相传"仪式上，海派家具制作技艺第4代传承人高伟先生接过"水明昌"海派技艺第3代王健大师传递的火种（见图1-25）。

图1-24 上海市非物质文化遗产铜牌

图1-25 "薪火相传"仪式上，高伟先生接过王健大师手中的火种

图1-26 亚振海派艺术馆(上海)外景

第二章

立足之道

　　只有心灵才能洞察一切，仅用眼睛是看不到本质的。当真的认准一件事或一个平台，跟随自己的内心前行，充满激情去不懈追求，就有可能实现他人看来不可能的梦想。

亚振品牌创始人

至1992年时，高伟先生已经入行13年。

在这13年里，除了家具制作手艺日益娴熟，他还不断探索中西合璧的家具设计之道，坚持尝试，勤于动手，在学习和摸索中达到了一定的设计水平。1992年，在妻子的支持下，他白手起家，带领一群志同道合的同乡，创建上海亚振家具厂，开始了自己的圆梦之旅。创业初期，亚振以设计、研发、生产和销售民用海派西式家具作为主要业务；同时，也承接酒店工程和商场道具业务订单，为企业的后续发展积累了资金基础。经过几年的努力，1998年时，亚振在上海已经初露头角，在家具行业协会、消费者行业协会等部门组织的活动中多次荣获殊荣。亚振产品也被上海的消费者深深喜爱，多款家具一投放市场就得到了广泛认可，畅销多年经久不衰。

对中国的家具人来说，上世纪九十年代是激情四射的时代，充满无限机遇。当时一大帮家具品牌如雨后春笋般，一起涌向市场。随着时间推移，绝大多数在市场竞争中陆续消失不见，少部分一直巍然屹立，亚振就是其一。企业站稳脚跟，顺应了"天时、地利、人和"，并获得稳健发展。

直至今天，当我们再静心回顾企业走过的坎坷之路，会发现创业初期的顺遂背后，有令人肃然起敬的智慧。今天的亚振，论品牌实力、设计功底、吸纳人才的引力等方面，均远远比创业初期优越百倍。总结当初的立足之道，对以后的路，仍有借鉴意义……

第一节 天 时

一、社会环境

自1978年起，中国经济体制改革从小范围试点到全面铺开。改革也越来越大胆，为早期部分有思想和胆量的人们提供了潜在的机遇和多种可能。特别是1992年1月18日至2月21日，邓小平南方视察途经武汉、深圳、珠海、上海等地，发表了重要讲话。这次讲话指明了下一阶段中国的发展方向。这次讲话之后，个体私营经济快速成长，商业活跃、对外交流增强、文化行业百花绽放、城乡间人员流动更加频繁，全国经济继续快速发展。国家开放的政策鼓励个人投资注册公司，生产精美的产品服务于群众需求；在90年代初汹涌的经济发展大潮中，一批既有设计实力，又有过硬的家具制作手艺、同时充满干劲的年轻人迈出了创业的步伐，直接服务于上海的中、高端消费者，提供精美而经典的产品。亚振，此时顺应时代的呼唤，于1992年应运而生。

经过20世纪70年代末改革开放以来的13年发展，部分老百姓经济实力较强，有消费高档商品的欲望。到1992年亚振企业成立时，一部分国人已经先富了起来。

这部分消费者具备了较强的经济基础,有一定消费能力。据国家统计局数据显示,1978年,全民所有制职工平均工资为644元;1980年,上升为762元;到1992年增至2677元。从消费水平来看,1978年城镇居民人均消费水平为405元,1980年为489元,1990年时增至1596元。收入水平和消费水平的提高使老百姓有潜在的消费欲望,同时具备一定消费实力,正是这样的经济大环境给了亚振产品一定的市场空间。

二、潜在需求

随着时代的进步,消费水平和需求发生了巨大变化。就以年轻人结婚来说,70年代流行结婚四大件——手表、自行车、缝纫机、半导体收音机,而80年代开始兴起新的四大件——冰箱、电视机、洗衣机、石英手表,从机械化产品升级到电器。可见,随着时代进步,顺应时代潮流,老百姓需求发生了明显改变。此外,房地产市场兴起,住房条件逐步宽裕。在经济条件相对宽裕的情况下,普通民众内心有消费那些能体现品位和自尊享受产品的愿望,同时由于对外经济、文化交流更频繁,欧美国家的生活方式已经在悄悄渗透,能在日常生活中尝试欧美的生活方式是部分老百姓的渴望。对于家具产品,许多消费者已经不再仅仅局限于对收纳及实用性基本功能要求,除了满足家具基本的作用外,他们内心也希望能体现品位和自尊享受。

90年代的中国,中西文化逐渐交融,消费需求逐步多元化,家具消费意识逐步理性,人们对产品的人文特性和关爱需求日益觉醒和提升。相对而言,中国传统的家具除满足基本功能外,偏重于显示庄重、庄严之感。在选购能体现品位的家具产品时,消费者对于我国传统家具依然情有独钟。然而,消费者除了追求自尊感受,已经开始特别关注家居产品的舒适性。西式家具比较注重人的需求,追求实用上的舒适性和外形美观性,从而形成了以人为本的家居文化体系。出于对西式生活方式的好奇和尝试欲望,海派西式家具在此时符合许多有一定文化层次、具备较强经济实力、追求产品实用美观和舒适性兼容的消费者的需求。20世纪80年代开始,公派留学已然兴起,出国旅行、商务交往也逐渐活跃。部分早一步走出国门的中国人见识到了真正的西式生活方式,他们也是后来海派西式家具潜在的消费者之一。在当时的社会群体中,他们代表了"先富起来"的部分消费人群。

三、市场定位

1990~1991年间,高伟先生在南京林业大学求学时已经研究和发现了东西方传统家具的重要区别,对中国传统家具体系和西方家具精髓有清晰认识。1992年亚振创办后的一段时间,从1型、2型的产品设计和研发开始,没有追赶当时的潮流做现代板式家具和中式红木家具,而是牢牢锁定民用西式古典家具领域,探索融合了文化艺术与人体工学原理的产品,专心服务于尊雅、殷实、稳健而富有文化品位的中高端人群。

当亚振在风雨兼程中走过了28年,今天我们再回顾企业发展之路,客观分析创业初期的目标市场选择,发现其中有令人尊敬的前瞻性。它服务中高端市场,以淳朴的匠人之心认真做高品质家具,以"客户至上"的理念提供贴心服务,奠定了品牌良好的形象。毫无疑问,这为今后市场下沉、大跨度服务不同消费层次的人群,打下了基础。

第二节　地　利

　　20世纪,自南京国民政府成立起,上海逐渐成为了全国经济与金融中心。近百年来,上海的经济条件、发展程度使其在全国的城市中处于前列。论购买力,上海老百姓的消费能力处于前列;论对新事物的接受能力,上海有较强的包容性。作为海派文化发祥地,它有典型的开放性、创造性、扬弃性和多元性特征;在中外文化交融之下,上海市民对中国传统生活方式的继承、对外来文化的吸收、对中西合璧生活方式的大胆尝试,给家具品牌创造了足够的空间。自从1985年高伟先生来到上海探索海派家具奥秘以来,他敏锐的市场洞察力、对家具与生活的理解直接影响了亚振产品路向,致使其成为了传承创新中西方家居文化,并融合海派包容文化的实体。

　　就全国的市场而言,上海在产品制造上、在生活方式引领上,当了多年的先锋。这个城市开放和多元的文化,促使老百姓在这样的氛围中形成了有别于其它城市居民的特征,这里的人们勇于尝试新的生活方式,追求精致优雅和有品位的生活。人们对上海城市国际化的认同、对上海生活"洋气"特质的认可,是几代中国人的共同记忆。从这里诞生的品牌,当它精心打造的生活场景符合了人们对经典、高档的想象,在它昂首走向全国的时候,受欢迎程度可想而知。

1992年,起步于上海的亚振紧扣当地民众的需求开发产品。自亚振自主开发第一款产品之后的很多年里,亚振的新产品首先投放于上海市场,接受消费者的检验。因此,没有一款亚振的产品会有浮躁之感,有的则是含蓄典雅。近三十年来,亚振产品虽然各系列之间有差异,风格在不断多样化,古典、现代款共同发展,但它们都拥有上述的共同特征。此外,精致和端庄是亚振家具的重要的外形特色。亚振产品绝不为了博人眼球为目的而夸张地贴金贴银或设计奇形怪状的款式,团队也从不设计古董式凸显年代感和陈旧感的家具,更远离粗犷及原生态风情。正因为如此,风蚀、虫蛀、针眼、喷损、锉刀痕、马尾、蚯蚓痕、露筋、螺纹痕、撕裂痕等特征极少在亚振家具上出现。

第三节　人　和

20世纪90年代的亚振处在一个充满机遇和挑战的时代，而企业有一个充满干劲、富有凝聚力的团队，这是它能站稳脚跟和打下坚实基础的重要原因之一。

在亚振初期团队中，数高伟先生学历最高，并且是设计专业科班毕业，还有管理生产厂的实际经验，再加上人品很好，厚道朴实，深得同伴们爱戴。在吴淞木器厂工作期间，他就显露才华，设计了几款畅销产品。他的人格魅力和设计潜力是其创业同伴的信心源泉，并坚决跟随其创业的原因之一。此外，他对家具的痴迷和热爱让这一帮能工巧匠与他有共同语言，并且相信他能成就一番大事业。

初创的亚振拥有一支比较稳定、技术过硬的团队，保证了企业能稳步发展。1992年创业团队最初的十几人全部是江苏如东县人，所有成员有共同的背景和语言。江海文化植根于南通地区这片土壤中，世代民众精明务实，敢于开拓，骨子里也融入了"开放融通"的基因。由于这种文化特质，南通人更易于接受新思想，主动融入上海，并深受先进的"海纳百川、中西合璧"海派文化的影响。为了亚振这个大家共同搭建、在远离乡土的大都市每个人赖以发展的平台，大家有齐心协力使之发展的迫切愿望，以实现自己和家人拥有更美好生活的梦想。另外，他们全部来自如东的乡村，带有劳动人民最淳朴善良的特征，只要心里对企业有希望和信心，面对再困难的环境都能风雨同舟。亚振创立后，较多来自南通其它区域的员工又陆陆续续加入了这个团队，队伍的扩大对于这个团队的稳定起到了稳固作用。后期加入的员工较多是从事生产工作，许多还有木工、雕刻和油漆技术基础，对于这些手艺人来说，只要有活干和有公平的工作氛围，就能踏实工作。

上海市场的营销团队基本上来自上海当地。对于这些战斗于营销一线的员工，企业相当尊重和信任。从1992年起，亚振聚集了一批有较强悟性和较高学习能力的营销工作人员，这支队伍比较稳定，众多营销人员对公司非常热爱和忠诚，勤勤恳恳服务亚振企业多年，部分老员工在亚振工作至退休，甚至到了退休年龄依然继续为企业发挥余热。多年来，上海这支团队总体营销业绩相当卓越，在他们多年的共同努力下，亚振产品走向了上海的千家万户，并在上海市场拥有了一定知名度，营销收入也逐年递增。直至2011年，上海市场的营销收入在全国所有城市中仍列首位。回首过往，亚振源于上海，逐步走向全国，上海市场的稳定和发展使企业具备了相当的自信将A-Zenith品牌传播至全国和海外，并共享她的成功经验。

1992年到2000年间，95%以上的员工来自华东地区。2006年时，亚振员工来自全国13个不同行政区域，之后数年，更多的来自五湖四海的员工加入了企业，共同发展。

自创业以来，虽然来自全国各地的员工不断加入，但这种"亚振大家庭"的文化氛围一直未变。此外，做为企业领袖，高伟先生一直杜绝赌博和拉帮结派等不良现象的出现，亚振的整体氛围让员工能安心工作。很多年里，亚振企业这种互相理解、和谐共赢的人文氛围一直延续，每个员工都像亚振大家庭的孩子，伴随企业的成长而成长。众多员工在短短几年里，就脱颖而出，走上管理岗位，发挥着重要作用。

图2-1 亚振海派艺术馆(上海)艺术长廊实景

产品为王

不同时期的亚振，都是为了开发好产品，满足人们对美好生活的向往。不管古典风还是现代产品，它们都是亚振的孩子，有共同的品牌调性和基因。无论家具外形怎样变化，'以人为本、海纳百川'的内在精神不变……

亚振品牌创始人

第一节　产品体系概述

坚持开发好产品,这是亚振创办以来一贯的原则。

秉承"设计立业、诚信经营"理念,企业一直坚持自主设计,在近三十年时间里研发了近百个系列,共两千多件家具。到2020年为止,不同款式的产品风情迥异,满足市场多样化的需求,反映着不同目标人群的生活方式和审美喜好。从最初的海派古典偏西式风格占主导,已经逐渐发展成海派古典款、现代款齐头并进。此外,企业还将固装定制作为企业未来的发展支点之一,着重研究和探索。2017年,专门开辟了相应生产线,配备了专业团队,专职提供固装高定产品的开发、制造和营销协同服务。

在亚振产品体系中,无论定位于最高端的产品,还是价位亲民的系列,均对质量严苛把关,生产工艺毫不含糊。从物理层面特性到背后的文化价值提炼,均蕴含团队的心血和智慧。以淳朴的匠心认真制作高品质、有文化底蕴的家具,已成为全体亚振人的基本共识。蕴涵古典美学的经典家具,雕饰或繁杂或简洁;而现代造型产品,或朴实或奢华。虽然它们外形不同,营造个性迥异的生活空间,但都反映了人们对美的追求,对美好生活的向往。亚振的产品,设计思路服务于人,制作手法中西合璧;材料选取上,大胆尝试国际最前沿新材质;贯穿始终的,则是"海纳百川、包容创新"的海派精神。

企业开发的众多家具中,不同系列的生命周期不尽相同。随着市场的变化,部分已经停产,以全新推出的产品线替代。同时,一些系列畅销了二十多年,至今仍被人们深深喜爱,成为了经典之作。由于产品众多,此书不一一记载。列入本章的,仅限于到2020年5月30日为止仍在销售的主要系列。

第二节　古典产品

一、目标市场

　　此类产品的目标市场为有国际视野、欣赏西方古典文化、殷实稳健的人群。他们对西方艺术有较好理解，认同、喜爱西方生活方式，追求有品质的生活。同时，由于受过良好教育，他们深受中国文化的影响，审美观上带有中国印记，也欣赏含蓄内敛之美。故而，既有西方华贵优雅，又蕴含东方内敛气质的居家产品，能深入其心。

　　2012年，亚振品牌创办20周年之际，企业邀请了部分90年代的典型老客户亲临20周年庆典现场。其中的一位客户刘先生于1993年购买了亚振2型卧室产品（白色）。当问及当年他选择亚振产品的原因时，刘先生回忆说，他太太年轻时特别喜

图3-1　亚振开发于1992年的2型产品

爱看西方电影，对西方的居家生活向往不已。曾经有一部《茜茜公主》电影，是他

太太当年的最爱。亚振白色的西式古典产品,尤其像《茜茜公主》场景中的皇室家具。同时,此卧房改良得恰如其分,体量适中,并且贴金不多不少,并未向电影里那样金碧辉煌,当时他们尤其喜欢。所以结婚时,刘先生和太太毫不犹豫选购了该系列,一圆茜茜公主梦。

刘先生夫妇是90年代典型的喜爱此类家具产品的客户。改革开放以来,中国人接触了大量的欧美文明,通过书籍、影视,乃至出国旅行、在国外工作生活等,亲眼所见异域文化,让人目瞪口呆,不少人深深着迷。而此时,中国本土的家具文明,没有得到系统、传承有序的发扬。一时之间,部分"先富起来"的人,审美观向西方文化倾斜。

图3-2 亚振开发于2007年的产品,更加轻松时尚化

此类有"东情西韵"特征的产品,让整体空间洋溢着西方古典的华贵感,但并非全盘西化。亚振以西洋家居文明为基础,灵活地加以改良,取其精华,产品细节上结合中国审美、生活习惯而设计。这就是在扬弃中智慧地吸收异域文明之"海派"的魅力。它们无疑满足了中高端目标人群的心理诉求,代表着富足体面的家庭生活、主人较好的文化修养,二十多年来,仍是"有腔调"的象征。

直至今天,此类产品仍被众多欣赏古典之美的中、青年所拥趸和钟爱。即使是喜爱同一类型的产品,当今青年的审美已经与前几代略有不同。人们对产品外形的要求更简洁、颜色更时尚,但家具流露的古典韵味仍存,空间的精致优雅气质不变。

这些家具经过了几千年的积淀,有历史厚重感,人文情怀浓郁。其外形可繁复可简洁,色泽可深可浅,打造的空间可富丽堂皇,也可清新典雅。无论怎样变化,它们流露的古典美和文化积淀让其呈现经典的韵味,依然显示这个家庭不同凡响的品味。懂它的人们将拥有这样的经典,看作是成功的荣耀和永久的时尚,在享用的过程中,时时体悟到发自内心的人文自尊。

图3-3 亚振开发于2014年的产品,配色靓丽,古典美感仍在

二、塞维利亚系列(14型)

跨越百年的经典之作

(一) 产品故事

　　塞维利亚系列是跨越百年的经典之作, 它由亚振以老上海"水明昌"老图纸为基础, 根据新时代的市场需求, 重新设计而来。此系列结合现代人的审美观、居家习惯、审美观进行优化演绎, 融入了中国人喜爱的纹饰、颜色, 制作技法更是传承水明昌技艺精髓, 根据当代的生产条件进行创新制作。它于1997年推向市场, 第二年, 就在"98上海现代家居设计成果大赛"中荣获"优秀产品奖"。

图3-4　塞维利亚卧室

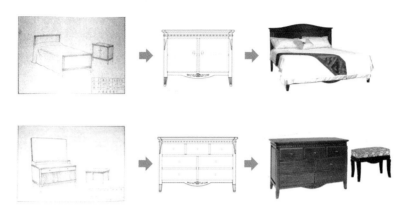

图3-5 1997年,根据海派家具老品牌"水明昌"图纸,亚振拓展开发的塞维利亚系列

(二) 主要特色

(1) 中小户型都可轻松用。外形简洁,不受室内装修风格局限。体量偏小,广泛适用于160平米以下的面积。

(2) 性价比高。价位适中,一般客户都能接受。

(3) 推向市场20年的经典之作。1997年推向市场,持续热销至今,被无数客户深深喜爱。历经八次大型升级改良,无论质量、工艺、细节设计,还是品种丰富度,均相当成熟。

(三)设计思想

此系列整体方方正正,但边角处采用"八角"设计,增加柔和感,相当人性化。它将塞维利亚广场建筑平直硬朗的线条装饰特色融入其中,整个空间更加灵动、自然,带有西班牙新古典的浪漫情怀。

它适用于160平米以下中小户型,为家境殷实、注重生活品质的人们而设计。这部分人群注重生活品质,沉稳低调,不喜张扬;欣赏西方文明,同时仍深深眷恋中国文化。他们有丰富的人生阅历,眼界开阔,重视家庭观念和子女教育,甚至坚信:要给家人最好的生活,给孩子们充满人文气息的成长环境。有质感的家,将无形中培养子女的优雅气质,是孩子在一生中对父母亲美好的回忆。

图3-6 塞维利亚客厅

1. 客厅

客厅虽小,腔调仍在,生活的品味显而易见。此系列沙发扶手的麦穗手感顺滑,腿部的羊头、靠背的如意花蕴含着美好的祝福,柔软的进口皮质带来舒适的体验,小小客厅也能充满品质感。桌面、几面顶部均为人性化的八角设计,减少直角,避免磕碰;柜类、桌类尤其注重收纳功能,实用性强。

2. 餐厅

此空间所营造低调内敛的居家氛围,用无声的语言向人宣告,这是一个"有腔调"的殷实家庭。这里没有亮闪闪的奢华,没有推杯就盏的客套,只有与家人共进晚餐的温馨时刻。餐桌周边饰以"元宝"纹饰,以浅浮雕工艺手工雕琢而成。一家人围坐在带有"大圆套小圆"的圆桌前,团团圆圆。木背餐椅简洁硬朗,靠背为郁金香纹饰,由十年以上雕刻经验的技师以刀代笔,以镂空雕技法制作。每件餐椅的完工,均耗费老匠人十几个小时的心血,一雕一琢;质控环节,还有数双粗糙的大手,曾轻轻拂过。

3. 卧室

此系列床的高度比常规的略低5公分,方便消费者使用。木质靠背,便于打理;靠背上用海派家具制作技法,以樱桃薄木艺术拼花,然后手工做出古典拉纹效果。

4. 书房

这是一款有怀旧情结的海派书房,由直线条为主,书桌"小体量、大容量",美观而收纳功能强。纹饰不多不少,中规中矩还带"洋气"。20世纪30年代老上海的高级写字楼里,典型的办公桌即此样式。 20世纪70-90年代,江浙沪地区殷实人家常用的书桌,也常为此样式。

图3-7 塞维利亚书房

图3-8 羊头纹饰

5. 纹饰

此系列相当简洁,虽为西式家具大体造型,但纹饰中西合璧,寓意吉祥。柜类显眼处的如意花代表着万事如意;腿足部麦穗花寓意着岁岁平安,丰衣足食;腿足上端的"羊头",东西方文明中均喜闻乐见,在东方代表"吉祥如意",西方文化中则是财富的象征。酷似元宝的"大圆套小圆"纹饰,绵延不绝,代表永恒的幸福。

三、乔治亚系列(31型)

将海派美学的精致，融入美式的恢弘大气

(一) 产品故事

此系列造型灵感源自美式家具,在保留美式风雄壮奔放的基础上,结合东方人的喜好,融入了海派美学中精致的气息。

图3-9 亚振开发于2001年的乔治亚系列

因中国人身高、体重与美国人不同,将美式传统家具的尺寸直接"拿来主义"的话,可能很多东方人都"镇"不住,使用体验不太舒适。故而,亚振团队在研发时以中国国情为基础,将尺寸精心改良,使体量更适合东方人的身高和形体。此外,注重细节处理,摒弃美式的"粗犷"气质,但总体上仍保留美式的实用性和大气之美不变。所以,乔治亚系列又有东方含蓄细腻的一面。它整体气派稳重、颜色深沉、细腻精致,更符合东方审美。简言之,这是以美式家具为原型,经过改良设计后,更适合咱中国人使用的"东情西韵"产品。

2006年,为迎接国家领导人的到来,乔治亚卧室、客厅的家具系列曾被选送到上海西郊国宾馆,作为高级套房家具。

图3-10 上海西郊国宾馆

图3-11 上海西郊国宾馆高级套房家具实景

2005年5月,四川的龙日活佛来上海,在经过淮海中路1253号(亚振首家旗舰店)时,被店内的陈设吸引,并入内参观。店长高慧芳女士亲切地接待了这位客人。因她也信佛教,与这位活佛相谈甚欢,一会的功夫,就像老朋友一样。在聊到打坐话题时,活佛说,他年岁大了,盘腿打坐有点吃不消,如果有一把合适的小椅子就好了。机灵的店长马上说:"我可以请我们公司的设计师帮您定做一把。"

图3-12 亚振首家旗舰店(上海淮海路1253号)

图3-13 为活佛定制的"健康椅"

在了解活佛的诉求后,设计师随即以亚振经典的乔治亚餐椅为原型,等比例缩小,给龙日活佛特别定制了这把小椅子(见图3-13)。椅面高度23.8CM,符合人体工程学原理,坐在上面可以自由调节气息,舒经活络,又名"健康椅"。送去后,这把椅子深得活佛喜爱。

（二）设计思想

此系列为不拘小节，偏爱大气之美的人们设计。产品注重精致细节，低调内敛，于细微处彰显居家品位。床的设计灵感来自宋美龄喜欢的软包靠背床（原型位于南京美龄宫）（见图3-14、图3-15），融入美式雪橇元素，颜色选用哑光栗壳色，使其更符合现代人的审美观念和使用习惯，造型更为大气稳重与精致。

图3-14　南京美龄宫宋美龄卧室　　　　　　　　图3-15　宋美龄

1. 客厅

沙发皮布结合设计，既有皮质的高级感，又兼具布艺沙发的温馨感。扶手处设计向外的大涡卷式样，彰显使用者的大气。坐垫软硬适中，采用不同密度的海绵，使得使用者坐下时不容易塌陷。坐垫不过软或过硬，在使用时，既保证舒适性，又能够保证坐姿的优雅。同时面料可以改成正反皮布结合的样式，根据不同季节正反交替使用。在扶手处使用皮质，比较耐脏，与人体接触较多的坐垫靠背处采用布艺，更为舒适与亲肤。

2. 餐厅

乔治亚圆餐桌的设计，是本空间的亮点之一。透过玻璃台面，人们能清晰地看到底部的雕花，美不胜收；视线下移，桌腿由数条S型柱子与环形底座相拥而成，宛如四条蛟龙在盘旋飞舞, 大气非凡。雕刻之美、材质之美, 跃然而出, 让人从心底赞叹工艺的精湛。围坐在这样的圆桌边与朋友小酌, 目光所及之处皆为艺术, 生活的富足和美好, 瞬间涌入心田。

图3-16 乔治亚圆餐台

旋转酒柜, 则有三个功能分区, 三个方向的旋转, 可以放置不同类别的酒, 且互相不影响使用。柜类顶部边廓上大量运用山花造型, 这种造型源自古希腊建筑正立面檐口上的大三角部分, 其中涡卷叶子雕饰是典型的西式风格体现。

图3-17 乔治亚旋转酒柜

3. 卧室

床的造型源于宋美龄最喜爱的软包靠背床, 融入雪橇床形式后, 在此基础上进行改良设计, 这样更符合现代人审美观。牛皮软包, 缝制的是明线, 以及床头用的较大颗的铆钉, 都是为了展现出床的粗犷与稳重。柜类整体最典型的是以浮雕方式装饰的希腊科林斯柱式, 这是古希腊建筑中常用的造型, 中和了美式家具的粗犷, 大气而精致。梳妆台抽屉底部配上柔软的绒布, 保护贵重、精细物品, 如首饰、手表、眼镜等, 不让硬物划伤饰物。

图3-18 乔治亚梳妆台

4. 书房

书橱采用开放式和封闭式组合样式, 适合满足多种功能需求, 展示与储藏功能

图3-19　乔治亚书房

兼具。双面写字台的设计匠心独运,可供两人同时使用,极大增强了产品的实用性与功能性,且无论从正面还是背面看,都很美观。

5. 纹饰

(1) 床头山花:在东方文化中寓意为山和水,象征"山旺人丁、水旺财"。

(2) 涡卷:回旋的宇宙、生命的延续。

(3) 兽腿:寓意严肃与威严,显示人类征服自然的勇气和信心,也充分体现使用者的权威与地位。

(4) 莨苕草(acanthus)**:**蓬勃的生命力、家族的兴旺。

(5) 希腊科林斯柱式:西方古典建筑、家具中常用元素,象征少女的纤细柔美感,中和了美式家具的粗犷。

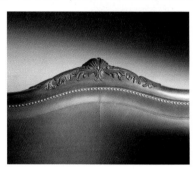

图3-20　山花纹饰

6. 颜色

清水油漆饰面,整个系列呈现哑光栗壳色。通过美式家具的特殊涂装工艺——做旧,结合亚振特有的17道着色工艺,使得家具表面通透,立体感强,生动而柔和。雕刻部位采用明暗光影道理,让雕刻更生动,富有层次感。

四、雅典娜系列(36型)

女人们最爱的"海派优雅范儿"

(一)产品故事

图3-21　雅典娜客厅

　　2004年,正值雅典奥运会举行之际,设计师为了向奥运精神致敬,设计出雅典娜系列家具。此系列旨在营造典雅、从容的现代居家生活,让人们在快节奏、摩登现代的今天,感受浪漫典雅之美。

　　整体系列设计源于希腊智慧女神雅典娜的故事。雅典娜是天神宙斯的女儿,掌管着智慧、艺术、和平正义,因给人类带来象征和平的橄榄枝,而赢了海神波塞顿成为了雅典城的保护神。她教会人们生活的能力,赐予维持社会秩序的法律。由于她

图3-22　雅典娜神像

对人类的关怀赢得了人们至高无上的尊重与爱戴,在人类心目中的威望甚至超过了她的父亲——天神宙斯。设计师从中领悟到:只有人性关怀的设计才能打动人。运用"洛可可"追求华丽与动感的柔美表现手法,结合神殿中爱奥尼克柱头上双涡卷的饱满圆润,设计师灵动地画出一条华美端庄的曲线,贯穿整个作品系列。将世界推崇的"洛可可"风格与雕像自然流畅的雕刻技法完美结合。通过重现法式洛可可艺术,满足人内心眷恋传统之美的诉求,于细节之处体现人性关怀。

2014年3月,这个系列多件产品被上海市指定,选送到"中意设计交流中心" 佛罗伦萨基地。双面写字台两面都美观,对面而坐的主、宾二人都能得到自尊享受,符合意大利人追求的"平等、人性化"思想。会谈的双方代表李希(原上海市委副书记)、达里奥·那德拉(佛罗伦萨市长)在会后参观时,对此双面桌展示的人文思想,赞不绝口。由意大利著名水上城市威尼斯引发而设计研发的威尼斯椅,更是得到达里奥·那德拉市长的赞赏。在意方的请求下,这些产品被永久留在了中意设计交流中心。直到今天,它们仍在有六百多年历史的施特洛奇古堡中,每天迎接来自全球的客人,一次次默默见证东西方设计火花的碰撞。

图3-23　陈列在中意设计交流中心的雅典娜书房

(a)   (b)

图3-24 上海-佛罗伦萨中意设计交流中心
(a)佛罗伦萨施特洛奇别墅 (b)中意设计交流中心佛罗伦萨基地

(二)设计思想

1. 客厅

　　此客厅家具体量适中,别墅、大中型平层公寓均适用。这是典型的法式洛可可风情,但融入了东方审美精心改良,除了古典美十足,还精致考究,多处细节的设计充分考虑中国人的日常使用(见图3-25)。其沙发坐垫皮布结合,正反面分别为真皮和布料,客户可根据不同季节的家居需

图3-25 雅典娜客厅

求,随意翻转,正反交替使用,人性化的设计使它一年四季都用得舒心。日常生活中,主人轻松坐于沙发上,手臂轻放于边侧扶手,会发现此处为精心剪裁的牛皮材质,耐磨耐脏。其沙发面料为热情四溢的橙色,布满方胜纹四方连续图案,为爱马仕意大利橱窗设计总监卢卡先生特意设计。此花纹原为中国传统纹饰,但经过LUCA这个意大利人的演绎后,时尚现代,充满艺术气息。此系列的皮料、布料均进口,皮与保时捷是同一个供应商。雅典娜茶几则为优美的古典造型,同时设计了多个抽屉,兼顾收纳功能。

2. 餐厅

该餐厅是相当优雅的空间。首先，整体空间的视觉美很独特，色泽、造型、氛围相得益彰，共同营造了浪漫的美感。家具曲线柔美，颜色、面料和谐养眼。椅子靠背，将"如意"造型，巧妙用到这个偏西式的椅子上，中西合璧。后背的花纹由6年以上经验的技师手工绘制成，所以每个餐椅靠背上的纹样略有不同。其次，同时兼顾使用者的仪态美而设计（见图3-26）。根据中国人的身高、体量参数，特别设置椅子靠背、坐垫海绵软硬度，使就餐者既感觉舒适，又"坐有坐相"，就餐仪态优美。四周

图3-26 雅典娜餐厅

的圆角设计不仅符合人体工程学设计，还能有效保护孩子防止触碰。

雅典娜餐椅靠背上花纹的设计，颇有渊源，它最初来自希腊的一个华人画家（见图3-27）。2004年，亚振设计师去希腊参观学习时，被这个画家巧妙融汇不同文明的思想所吸引，把他的画集带回国内，后来把这幅画用到了餐椅靠背上。左边的花为橄榄枝、橄榄花。橄榄树和橄榄花分别为希腊的国树、国花，象征着"和平、智慧"，右边的花为中国牡丹，代表着"富贵吉祥"，表达了画家对中华文化的眷恋。上方的绶带，代表"把两国文化巧妙融在一起，互相学习，携手发展"。

图3-27 带手绘的雅典娜餐椅靠背

3. 卧室

此卧室的床头是包拢的造型，像张开的的手臂，给人温暖的拥抱，其寓意为夫妻关爱包容，幸福和睦。皮质靠背的质感强，好打理。衣柜弧形门板造型别致，采用一次

定性,不易变形的异形门板处理工艺,使得家具经久耐用。要达到优美的弧形效果,门板一次成型,对工艺的要求极高!柜门的拉手是亚振专门定制的"亚"字铜镀银拉手。梳妆台、床头柜等抽屉底部配上柔软的绒布,保护贵重、精细物品,如首饰、手表、眼镜等,不让硬物划伤饰物。

4. 书房

这是"最注重客人感受"的书房!雅典娜双面写字台设计匠心独具,可供相对而坐的两人同时使用,极大增强了产品的实用性与美观(见图3-28)。双面使用的设计,尤其照顾到坐在副椅上的感受。这一特色,在2014年被意大利佛罗伦萨市长大为称赞!写字台桌面嵌有

图3-28 雅典娜书房

一款进口头层牛皮,能防止桌面被刮伤,牛皮四周的压花美观大方,提高了产品的品味与档次。弧形四门书橱与弧形的写字台相互呼应,优雅大气。柜门采用双开双合设计,这种设计工艺要求高,能够防止门板变形,防止灰尘进入,美观度高。

5. 纹饰

(1) **卷叶草雕饰:**寓意生命力旺盛、家族兴旺。

(2) **珍珠雕饰:**珍珠有"康寿之石"美称,是健康、长寿和财富的象征。

(3) **藤蔓:**生命力强,绵延无止尽,寓意"多福气"。

(4) **卷叶草与"康寿之石"珍珠组合:**寓意着主人的健康长寿,家族兴旺。

五、维罗纳系列(51型)

从细节感受人文之美

图3-29　维罗纳系列的人文之美

1. 造型独特

床头采用弓状波纹曲面,似拥抱状,这样的弧度不仅温馨美观,同样是一门技术含量很高的工艺,精心雕琢方得此自然圆润曲线。床低片造型优美,几乎和床面水平,便于铺床上用品。很多人喜欢把床品铺平,这一设计较为符合中国人使用习惯。

2. 易于打理

床头靠背采用柔软舒适的头层牛皮,饱满厚实,易于打理;软包厚实,让人有安全感。

3. 设计人性化

床靠背边沿用绵延不断的涡卷线条,使床的"耳朵"一直延伸到下沿,一气呵成。这个设计可以帮助使用者起床时有扶手"撑一下",美观又实用。梳妆台、床头柜的抽屉底部均配上柔软的绒布,保护贵重、精细物品,不让硬物划伤饰物。床以曲线为主,低片上也有软包,触碰柔软,不易磕到老人小孩。

4. 纹饰特色

床头(高片)整体造型为宝弓造型,扇贝点缀;床尾低片的软包装饰为传统如意纹,代表"万事如意"之意,表达了对主人万事顺遂的祝福;细节部分以中国"回纹"装饰,中西合璧。

六、百年好合系列(55型)

来自美国比弗利山庄的"奢华风"

(一) 产品故事

2012年,亚振创始人高伟先生邀请美国设计师菲利斯联手设计此系列,作为女儿结婚礼物。设计师将东西方文化的灿烂与辉煌相互融合,创造出全新的奢华体验,质感十足(见图3-30)。此系列百合花雕饰,百年木材制作,同时为祝福婚姻美满而研发,所以取名"百年好合"。

图3-30 百年好合客厅

（二）设计思想

图3-31 伊丽莎白女王

1. 客厅

  沙发的设计灵感来自英国女王伊丽莎白二世喜爱的王冠。那是1947年她和希腊菲利浦王子结婚时，父亲送给她的，蕴含着一个父亲对女儿美满生活的祝福。沙发扶手内收，将人环抱其中。沙发面料以金色和红色为主基调，代表着高贵与富有。精选的面料散发着绸缎般的光泽，与家具采用的木材和设计造型相得益彰，表达着一种低调的奢华。此沙发全方位注重细节，面面俱到。细心的人们要是绕到沙发背后，稍加留意，会发现背面的面料搭配也相当注重美感，选料的注重程度不亚于正面。

2. 书房

  此空间的书柜做工考究，通透的玻璃橱柜展示性非常强，柜中的陈列品都静静地述说着主人的高雅品位。玻璃为三层，铜条镶嵌在最中间的玻璃上，工艺复杂。此装饰铜条来自欧洲13世纪哥特式建筑高耸的尖顶，这种图案融合了西欧各个民族的智慧和宗教因素，给人"挺拔、向上"的美感。

图3-32 书柜

  双面写字台采用牛皮压花工艺，然后再烫金，大气精美。此工艺在国产的古典家具中很少，亚振为第一家率先用的。再配上祖母绿的真皮，既增加美感，又体贴入微。使用牛皮，即使在冬季，双手触及的也是温暖的。写字转椅上端是书卷的卷轴造型，将传统中华文化融入其中，寓意"博学、知识渊博"；同时，椅子靠背的软包延伸到最顶端，学习之余，主人可将头靠在上面休息。

3. 卧室

图3-33　百年好合卧室

卧室空间从床的造型开始设计，灵感来自象征着美满婚姻的百合花，并融入"金弓床背"和"爱情鸟"元素。床背来自爱神丘比特的"金弓"造型，表达了人们对于"爱情"的渴望，同时用弓箭的"张力"来表达向上的、时刻准备的、积极的生活态度，从而表达了对生活美好的渴望和期盼。床头爱情鸟图案，象征着"欣喜、安宁和高贵"，更比喻为美满的爱情。宝瓶雕饰，寓意"平安，多福多贵"。珍珠贝壳花雕饰，寓意"温柔与呵护"，是安宁，誓约，幸福的守护者。

4. 颜色

百年好合系列的红褐色红润复古，细腻的桃花芯木，饰以温润透亮的漆质，精美华贵，价值感非常强。在给人以沉稳、厚重之感的同时，又不失鲜艳。它为设计团队在研究东西方古典家具及中国人审美观之后特别调制。六分亮四分哑的油漆涂饰，以及17道着色工艺，彰显桃花芯天然唯美自然、丝绸般华丽的纹理。

5. 工艺

此系列精选整块大料制作，主辅材均为桃花芯木。采用最先进的木材碳化工艺以及实木板三复合工艺，解决木材的内应力问题，所以不需要留传统伸缩缝，就能保证木材的稳定性。电视柜内嵌铜丝网，工艺复杂，此铜丝网几千元一平方米，价格不菲。

七、海派印象系列(58型)

迷人的"老上海风情"

(一) 产品故事

此系列开发于2010——2011年,其设计核心思想旨在将东方情怀和西方艺术结合,创新设计符合现代人审美观的海派风韵家具,是中西合璧的一个典型。设计原型为英国18世纪初一款经典的休闲椅造型——安娜女王时期的"翼状椅"(见图3-34)。此系列沙发的设计保留了安娜女王翼状椅的大致造型,同时,从上世纪海派文化精髓中的"石库门"文化遗产建筑里寻求灵感,让"石库门"中的这个圆弧形石拱门元素在家具上充分体现。

图3-34 诞生于300年前的安娜女王翼状椅

图3-35 2014年3月,中意设计交流中心,上海原市委副书记李希和佛罗伦萨市长坐在亚振"海派印象"系列沙发上交谈

图3-36 中意设计交流中心佛罗伦萨基地(有600年历史的施特洛奇别墅)

海派印象系列是亚振把西式家具经典产品融入东方人情怀进行改良,使其在

当代重新焕发青春的典型作品。2014年3月，该款产品被上海选送到"中意设计交流中心"驻佛罗伦萨基地，作为"上海创意设计""中国设计"的代表，长期陈列于此。

　　2019年11月，第二届进口博览会期间，此系列又被上海特别指定，选送到进博会非遗文化展示区陈列，向八方来宾展示"上海客厅"腔调。

(a) (b)

图3-37　海派印象系列在进博会
(a) 2019年11月，海派印象客厅被选送至第二届进博会　(b) 上海进博会期间的海派非遗展示区

（二）设计思想

　　产品的设计处处体现了中西合璧的特色及"东情西韵"气质，是适合东方人使用的、有西方家具韵味的产品。制作过程中，还将鲁班祖师发明的"燕尾榫"工艺进行运用。具体如下：

图3-38　以浮雕手法呈现的的花篮纹饰

1. 工艺

　　传承和创新运用传统榫卯结构和海派家具严丝合缝制作技艺，并由10年以上雕刻技师手工雕花，浅浮雕、镂空雕技艺广泛运用。

2. 纹饰

沙发靠背、书橱、大橱上的圆弧造型设计灵感,源于上海最为经典的民俗元素----石库门。此外,多处纹饰源于中华传统文化元素。石榴宝瓶寓意"一生平安、多子多福"、蝙蝠献桃寓意"福寿双全"。宝瓶纹饰设计灵感,则来自1930年代上海实业家荣宗敬故居(上海静安区陕西北路186号)。荣宅二楼荣夫人卧室护墙板上的宝瓶雕刻,即为此纹饰的灵感源头。历经近百年沧桑,此住宅各细节仍精美大气,以无声的语言,诉说着主人当年独特的高雅品味和家族辉煌。

(a)　　　　　　　　　　　　　　　　(b)

图3-39　宝瓶纹饰灵感
(a)位于上海陕西北路的"面粉大王"荣宗敬故居 (b)荣宅女主人卧室护墙板

此系列的花篮纹饰,则被荣宅三楼吸烟室护墙板上精美别致的花篮雕刻所启发而设计,该雕饰寓意"生活殷实、幸福美满"。莨苕叶(Acanthus)枝繁叶茂、欣欣向荣,寓示着"家族的兴旺与长久"。曾有人带着喜爱之情赋诗一首,表达海派印象产品的独特性。"蝙蝠献寿九天来,眷恋沪上石库门;天女散花今何在,遗忘花篮在人间。"

木质表面采用桃花芯树杈拼花,美妙绝伦,像孔雀开屏一样!此艺术拼花的工艺价值很高,由技师从天然桃花芯薄木中精选材料,纯手工制作而成。要达到完美、和谐的拼花效果,需要从上千张材料中找最接近的,是名副其实的"千里挑一"。由于"在天然中找和谐"

图3-40　带孔雀开屏艺术拼花的木背床

的高难度系数，18-19世纪，这一做法在欧洲仅用于皇室家具上，后随着西方人来华，被逐渐引入中国。因天然纹理千奇百怪，所以，每张海派印象木背床的纹路都有唯一性。曾有人这样形象地描述此产品，"一只美孔雀，头顶小花篮；千里难挑一，天天忙开屏。"

3. 着色

58型有红褐色和海派黑两个颜色可选。因中国人含蓄、内敛，喜欢略偏红、偏深的颜色。在深入研究中华民俗文化、审美倾向之后，选取了现在的褐色，常规的面料为祖母绿真皮。沙发祖母绿的设计灵感，源自荣宗敬家族的花园洋房。位于一楼壁炉的祖母绿瓷砖装饰，历经百年岁月，至今仍鲜亮迷人。此颜色有浓浓的复古情节，是上世纪30年代老上海西洋家居装饰中常用的流行、洋气的色调。

图3-41 荣宅客厅的祖母绿瓷砖

此系列还有另一更深沉的"海派黑"色调，介于纯黑和褐色之间，原汁原味复原了上世纪老海派家具常见的色泽,更具复古味道。相应的包饰温馨靓丽,给不同喜好的人们提供多样化选择。格纹红色面料则由美国知名设计师Allan S.Elson特别设计,他曾为美国前总统小布什私人别墅做设计,是来自美洲的色彩达人。

图3-42 海派印象沙发

4. 功能设计

床头柜内暗隔底部配上柔软的绒布,保护贵重、精细物品,如首饰、手表、眼镜等,不让硬物划伤饰物。采用最先进的推弹轨道,使用方便,同时兼顾美观,保证抽斗外表面浅浮雕装饰画效果。

5. 体量

在经典安娜女王翼状椅基础上进行尺寸、外形改良,更适合东方人使用。沙发高度、深度的设计,都是基于对中国人形体、身高的研究数据,以人体工程学原理为基础进行研发。沙发的腿部线条、轮廓比较婉约和秀美,贴合东方许多消费者的审美情趣,不似典型的安娜女王式翼状椅那么粗犷霸气。此外,因中国的房地产政策是鼓励刚需消费,抑制特大面积豪宅、独栋别墅开发,中等户型将是未来主流房型之一。基于这个国情,这款沙发的形体设计整体上比较精致小巧,能适用于绝大多数中等户型。

6. 主材桃花芯木

海派印象系列采用世界名贵的木材桃花芯制作。此木材软硬适中,纹理均匀,质地细腻,如丝绸般顺滑,颜色鲜亮,性能稳定。据说桃花芯木皮的故乡,是在非洲和北美洲,后逐渐传入欧洲。

图3-43 英国伊丽莎白女王一世 (1533—1603年)

16世纪，英国探险家华特罗利到美洲，因风浪遇险，将船停靠在牙买加。当地人非常热情，帮其修补船只。回到英国后，他向伊丽莎白女王讲述了遇险的奇闻和故事，女王到港口看了一下他的探索舰，被带有深红咖啡色优美纹理的船板所吸引。华特罗利二话不说，让人把船板卸下，经过工匠的巧手，变成了一张有波浪纹的小边几，深受女王喜爱。

从这以后，英国开始自北美洲和非洲进口桃花芯木，专供皇室制作家具，并将桃花芯木传至整个欧洲，还把树种引入欧洲大陆，尝试种植。近几百年，它在欧洲多用于皇室家具及饰件，象征着尊贵的身份，19世纪才随着西洋人的到来传入中国，其地位等同于中国传统的优质红木，被誉为"西方红木"。

八、宫廷系列

为国家领导人会见外宾而定制的产品

（一）产品故事

　　2001年5月，新加坡资政李光耀即将来访，有关部门四处寻觅座椅。他们路过亚振位于上海淮海中路的旗舰店时，发现里面的产品气质很匹配，于是找到首席设计师高伟，要求根据指定的形体、身高数据，定制一套会客沙发，既大气又舒适。仅用了7天时间，日夜不停，轮班作业，按照要求设计了这套具有典型"东情西韵"特色的产品。整体造型以法式洛可可风为主，但是颜色、高度、体量根据东方人的特点而设计。6月9日，时任国家主席的江泽民端坐在此沙发上，会见新加坡资政李光耀先生，尽显大国风范。

　　宫廷系列沙发是亚振品牌哲学"经典亦时尚"的完美诠释。回顾过去，放眼未来的百年画卷，宫廷系列沙发是亚振成立近十年时的一个优秀作品，是企业众多经典产品中的杰出之作，是数十年亚振发展史中的文化坐标之一。此系列推向市场后，被殷实稳健的人们深深喜爱。除了走向千家万户，还在潮流影视圈频频现身。时尚达人们坐

图3-44　宫廷系列沙发场景

在宫廷系列沙发上开怀畅谈,分享心得,海阔人生;他们时而轻抚扶手处的龙纹雕刻,无意间,欣然领略中西交融带来的生活美感,一股豪气悄然而生。

2012年是中韩建交20周年,为推动两国在绿色产业领域的发展和合作,中国国际贸易促进委员会和韩方在韩国世博会开幕期间联合举办了"中韩绿色产业合作项目洽谈会"。经中国国际贸易促进委员会精心挑选和推荐,2012年6月,亚振"宫廷沙发"被选送参加韩国丽水世博会,它再次走出国门,陈列于海洋馆内,参与了中韩两国共庆20年友谊的盛会。

图3-45 2012年,宫廷系列沙发被选送至韩国丽水世博会

(二)设计思想

此系列设计灵感来自"罗马五柱式"美学分割原理,有无与伦比的比例美和曲线美。

设计师将世界一致认可的"罗马五柱式"细致比例结构语言,在沙发的腿部、扶手、靠背结构中穿梭运用,同不朽的洛可可优雅曲线糅合成一体,中西结合,东情西韵。此外，将法国洛可可的圆润优美的线条与金黄调系的中华帝王之色两相协调，使造型和颜色符合东方人的审美。同时，融入我们东方人的身高、形体特征而设计，选用软硬适中的海绵制作，使尊享者既体验到舒适，同时悄然之间感悟到融汇东西方文明的人文自尊。

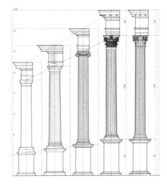

图3-46 罗马五柱式

第三章 产品为王

图3-47 宫廷系列沙发第三代产品

1. 工艺特色

2001年推出至今，当前的宫廷系列为第三代产品。历经十余次工艺改良和三次大型演变，其工艺相当成熟。它采用海派手工包饰工艺，将沙发造型与舒适完美结合。正反面全牛皮，精选整张皮制作，而不是小块拼接，价值感高。根据受力不同，沙发不同部位采用差异化密度的海绵,人坐上去既舒适,又精神。即使经年累月使用,也不易塌陷。双面雕刻的卷叶和浪花使得家具轮廓流畅清晰,造型细腻圆润,它们由10年以上雕刻经验的技师精雕细琢,美观耐看。四人位可拆卸,不用担心搬不进门。整体上,多变的线条和涡旋的繁复组合,将"罗马五柱式"的美学分割原理运用到极致,彰显世界文明精髓。

图3-48　龙纹扶手

2. 纹饰

沙发正反面均雕刻装饰纹样,价值感高。正面靠背上的卷叶草雕饰,象征着"衣食无忧、家族兴旺";背面的波浪造型,寓意"财源滚滚";扶手上的龙纹,象征着"尊贵与大气""龙的传人"。

3. 颜色

因中国人含蓄、内敛,喜欢略偏红、偏深的颜色,研发团队在深入研究中华民俗文化、审美倾向之后,选取了现在的红褐色。米黄印花的牛皮,则"远观近看各不同",妙趣横生。自2001年起,这款皮的选择一直保持最初的设计,在20年的市场检验之下,成为经典,从未改变。

九、枫丹白露系列

我们的"巴黎公寓"

(一)产品故事

进入21世纪后,随着中产阶级消费潜力的升级,年青一代的居家诉求,表现出与其父辈差异化的特征。各式公寓房的普及,居家审美的变化,呼吁着新式家具的诞生。2007年起,顺应市场需求,亚振创新开发了枫丹白露系列新品,满足都市年轻精英对美好居家生活的诉求。

图3-49　枫丹白露系列卧室 (L3)

它们既保留了西式古典韵味,又根据市场诉求大胆改良,以创新的手法使其时尚轻松,更符合当代年轻人的审美。通过造型简洁化、颜色清新化、尺寸小巧化,它突破了人们对古典家具的认知,适合中等户型,曾开创了家具行业"将古典时尚化"先河。

图3-50　法国枫丹白露宫

设计灵感源自法国巴黎的枫丹白露宫。12世纪起,枫丹白露就是历代法国王室成员狩猎、休闲度假的行宫,优美而清新。2007年,为重现法国贵族的乡村府邸浪漫、自然宁静的田园风情,亚振携手法国新锐设计师GWEN（关志文),一起开发该系列。其设计初衷,旨在让追求当代尚雅生活、欣赏西方古典文化的青年,轻松拥有贵族般的居家尊享之感。在眷恋过去时光的华美中,枫丹白露各个空间给人以"世外桃源"般的雅致与自然,亲切与温馨。曾有位80后客户由衷赞叹说,亚振就像知音一样懂她,枫丹白露系列帮她圆了"巴黎公寓"之梦。

图3-51 摩登女郎与她喜爱的枫丹白露(L8)休闲椅

自此系列推向市场后,得到社会各界喜爱。2015年,表演艺术家何赛飞为其上海青浦区恒联名人世家的新房选购家具,来到国际家具村亚振店,立马被产品精致优雅的气质所吸引,当天就选定了枫丹白露L1/L3卧室、L1书房产品。

图3-52 何赛飞家中所用的L1书房

图3-53 恒联名人世家外景

(二) 总体特色

1. 产品的特色

(1)**经典亦时尚**。既有古典韵味,具备浓厚的文化价值,同时视觉上又简约、轻松而时尚。产品有腔调,又时髦洋气。

(2)**中小户型都可轻松用**。70平方米~300平方米面积的中高端楼盘均广泛适用。

（3）**目标人群年轻化。**为25岁~45岁之间追求品质生活的青年而特别设计，打造"精致、优雅、时尚"的居家氛围。

（4）**风格上东情西韵，小法式为主。**根据东方人的审美观，将法式古典家具做创新演绎；同时，汲取法国生活的精致、优雅之美，创新设计符合当代中国年轻人的"法式风情"。

（5）**创新开发"双拼色"。**双拼色是指同一件家具的木质部分，几种颜色搭配使用，通常是木色和其他颜色搭配，它是此系列的特点之一。最初仅出现在西式古典形制的家具上，后随着研发的推进，在其它不同产品上应用和创新。随着现代海派新品的出现，还尝试开发了三种颜色混搭的产品，如2017年推向市场的"上雅"系列。

2. 双拼色的优点

亚振枫丹白露产品的"双拼色"有如下优点。

首先，木色显示沉稳，其他搭配色显轻松，这样的设计既有价值感、档次感，又活泼生动。其次，使设计有层次感，色彩丰富饱满，更容易和室内装潢和谐呼应。再者，白色并不是纯白，而是经过特别处理的象牙色，不会随着时间的推移而变黄，它是海派家具的一个创新。

中国的传统家具，用色基本上属于"单一型"，基本上不用双拼做法。这种手法源自欧洲，

图3-54 双拼色梳妆台

最近十几年才开始出现在中国，是我国当代家具发展的一个亮点。

18世纪中期（路易十五时期），法国的贵族蓬巴杜夫人引领了洛可可时尚，创造了轻巧、优雅的居室之美。同时，她支持艺术家们用颜色双拼方法，让整个空间的室内陈设颜色清新明快，易

图3-55 蓬巴杜夫人

于搭配。室内陈设镶板上绘画中的淡紫、浅蓝、黄色与家具相协调,唯美清新,尤其在贵族的乡村别墅中,风靡一时。2007年左右,18世纪法国流行的双拼色,也被Gwen陆续引入枫丹白露设计之中。

3. 暗格

暗格是枫丹白露系列的另一特色。其设计费时,制作费工,展示的则是匠人的智慧。这一功能,最早来自上世纪有钱人"私密性的储物诉求"。金银珠宝、股票证券等值钱的家当,需要妥善存放,但保险箱太过招摇。于是,精明的木匠们为客户定制了隐蔽的暗格,百年前大受欢迎。

图3-56 有暗格设计的老产品(亚振海派艺术馆非遗展厅内)

20世纪的上流社会,常有储藏珠宝、金银、票据的需求。家具上设计巧妙的暗格,是老上海水明昌的独门秘籍。被高伟先生收藏于海派艺术馆的孙科住宅老家具中,就有一件装饰柜,有用来存放金条的暗格设计,相当隐秘和巧妙。 亚振创始人高伟传承了水明昌海派家具核心制作技艺,也系统掌握了暗格的精髓和技法,并在当代充分运用。枫丹白露系列中的暗格设计,深受消费者喜爱。今天的人们已经有更好的途径存放家中私密物件,但暗格这一功能,常常带给人们意外的惊喜,引发对匠人妙思的由衷赞叹。

第三节　现代产品

一、产品的出现

2014年起，亚振开始着手开发现代款产品。思想的萌发，始于团队对市场的观察和思考。

进入21世纪以来，主流消费人群的阅历、视野已与他们的父辈、祖辈完全不同。由于社会整体经济水平的提升，新一代消费人群很多都有出国学习、旅游的体验，对西方国家的生活、文化相当了解。他们更理性而清晰地审视中外文明，不再像父辈们那样，带着对西方世界的向往情结欣赏异域文化，而是客观剖析自己的内心，并带着超越任何时代的人文自信，快速建立了自己的审美标准。这一潜在消费群体即中国的中产阶级。

当下的中产精英普遍受过良好教育、自信而勇于表达自我，对居家生活也如此。与前几代人相比，他们的生活方式已大相径庭。由于中国城镇化进程的发展和房地产市场的变化，大大小小的公寓房不断涌现，成为了都市房型的主流。在都市中购置自己的房产，是每个家庭的愿望。此时绝大多数收年轻人的住房选择，是公寓住房，他们中的多数，还背负着沉重的房贷压力。在各种社会因素的影响下，简约、轻松、舒适的居家氛围，成为了大众化审美。相比较那些带有复杂雕刻、繁琐装饰纹样的家具，新一代的消费人群普遍更加偏爱简洁而有质感的现代款产品。

此时的亚振，适逢再一次结缘世博——2015年米兰世博会之际。2014年，亚振荣耀地被米兰世博会中国国家馆组委会指定为合作伙伴，为其定制开发家具，在米兰国际平台上展示当代东方的居家文化。带着沉甸甸的责任感，企业耗资数百万开展此项目，这是亚振发展史上一次空前浩大的工程。在这之前的二十多年，亚振已经开发了无数个"东情西韵"气质的家具产品。而对于建立在中华传统家居精髓之上，并以创新手法当代化、偏重于体现东方情怀的产品研发，一直是团队想尝试的课题。

2014年的春天，这个22年来一直深耕海派经典家具市场的品牌，毅然华丽转身，开展了海派现代产品探索之旅。怀着向世界展示当代海派艺术的激情，亚振人大手笔融贯古今，联通中西。企业以海纳百川、包容创新的海派精神，深入展开国内外的设计交流与合作。此时起，亚振的产品转型正式拉开了序幕，从专攻古典市场到古典款式、现代款式两条腿走路。企业希望开发有气质、有文化底蕴的现代款好家具，服务全新的细分市场，帮助新兴的中产阶级精英实现居家梦想；同时，继续满足人们对古典美的审美诉求，成为古典家具细分市场的"老大哥"。到2020年5月，亚振已经开发了近十个新系列，对现代款式家具的探索，团队还在继续……

二、米兰世博系列

立足本来、吸收外来、思考未来

此系列由亚振主导设计,并联合清华美院、国内外知名设计师为2015年米兰世博会中国国家馆特别研发,其设计理念为"立足本来、吸收外来、思考未来"。研发过程中,团队既坚守中华传统家具文化之根,又吸纳西方人文之魂;既紧扣时代脉搏,又契合人的本质需求,在跨越时空、

图3-57 2015年米兰世博中国国家馆

跨越国度的思维中,大胆探寻中国家具在21世纪的新呈现。

产品的开发,力求契合中国馆"希望的田野,生命的源泉"主题定位以及馆内"天地人和"的陈列思想,既传承和创新发展中华传统家具文化,又充分吸纳西方设计理念中优秀的人文思想,在木质竹韵中展示"包容、创新"的海派精神。它以古为今用的创新精神、洋为中用的包容胸怀,通过融贯中西的手法,实现东西方文明的跨界融合,展示了中华民族的和合之美。它既传承中华传统家具所反映的"礼仪"文化,又吸收了西方设计中的人文思想,将人对舒适度、美感、实用性的基本需求融入家具实体中。

根据当时中国馆的布局需求,整个系列划分为五个大空间。现按照不同空间,选取代表性产品,分别阐述。

（一）贵宾接待室家具

图3-58　2015年米兰世博贵宾接待室实景

1. 丝路椅

此椅是贵宾厅主椅，"明式风骨，海派工艺"为主特色。设计灵感源于中华传统两出头官帽椅，并结合世博会中国馆建筑竹材料做相应改良，木质竹韵，蕴含东方意境，寓意"步步高升"。软包面料为中华青花瓷元素，结合海派家具软包技法，增强舒适感。

图3-59 丝路椅实样

图3-60 天地几实样

2. 天地几

设计灵感源于敦煌石窟壁画及中华宇宙观"天圆地方"。整体外形方正，面板、腿足间圆润流畅，一气呵成。茶几面采用清华美院设计的瓷板画装饰，有浓郁的东方韵味。

3. 海明椅

设计灵感主要源于明式家具四出头官帽椅，木质竹韵，高风亮节。竹编镶嵌于椅面，坐垫以中华服饰文化中的"盘扣"结固定，可拆卸。后背板采用现代瓷板画镶嵌 装饰，题材为中华二十四节气中的"立春""立夏""立秋""立冬"，与中国馆的大理念设计相呼应。

图3-61 海明椅实样

图3-62 丝路几实样

4. 丝路几

以明式家具引发设计灵感，方正利落。阴线雕回纹装饰，寓意"绵延不绝，富贵不断头"。茶几面采用清华美院特别设计的现代印象派瓷板画装饰，时尚与传统相融合。

（二）会议室家具

图3-63　2015年米兰世博会议室实景

1. 祥云桌

造型：整体形制源于传统典型的平头案，在此基础上，借鉴圆桌的聚拢效果，设计为八边形，寓意"汇八方来宾，共襄世博盛举"。

牙头雕饰中国传统吉祥图案祥云纹，造型独特，婉转优美，寓意"吉祥如意"。桌沿设置内嵌式办公设施，为使用者提供现代办公的便利，是传统家具与现代科技完美融合。

图3-64　祥云桌实样

2. 榫卯椅

设计源于明式扶手椅。靠背以"万榫之母"燕尾榫造型装饰，同时运用海派艺术拼贴手法竹片装饰椅面，配以可拆卸青花瓷风格坐垫，以传统服饰上常用的盘扣固定。

图3-65　榫卯椅实样

3. 汉唐印象椅

以明式南官帽椅造型为原型，结合民国时期海派红木靠背椅的特色演绎设计。融合中华活字版印刷术，结合传统中国儒家思想装饰。靠背以大篆体汉字"仁、义、礼、智、信、温、良、恭、俭、谦"中选取部分刻于红色髹漆上装饰。

图3-66　汉唐印象椅实样

（三）馆长办公室家具

图3-67　2015年米兰世博馆长办公室实景

1. 丝路台

设计灵感来源于台北故宫博物馆《唐五学士图》及古代书卷、卷轴造型,文化气息浓厚。书桌两旁的侧面挡板以传统"攒接"工艺由木条攒接成燕尾状侧板,既加强稳定又通透灵动。整体上,采用内方外圆的造型,寓意对外处事圆润,有灵活性,对内坚定,有原则。腿足参照中国传统家具中有束腰家具形式之鼓腿膨牙,牙条与腿足自束腰以下向外膨出,腿足至下端又向内兜转,以大挖内翻马蹄结束。

2. 平安椅

从故宫太和殿的宝座及屏风特征进行借鉴、演绎。将椅背、屏风融为一体,运用到靠背和扶手上,如汉字"山"型,寓意"稳如泰山"。椅子通体以竹节形态连结,寓意廉洁公正。背板装饰借鉴传统明式家具背板光素手法,只是在背板中间浮雕一组简单的纹饰。其中纹饰为中国传统吉祥图案莲花花纹,吉祥平安,素雅圣洁,在佛教中被视为佛的象征。

图3-68 平安椅实样

3. 冰裂人和沙发

设计灵感源于《乾隆鉴古图》,同时在传承古典文化中创新,将海派家具常用的软包设计应用到座面和靠背上,提高舒适度。面料采用自然竹叶绿,生机盎然。靠背部饰以明清家具的冰裂纹图案,是一种自然、和谐、美的符号,体现了"天人合一"的思想。腿部采用壸门券口加固。沙发上配套设计的小几,可放置茶杯等小物品,使用功能性增强。

图3-69 冰裂人和沙发实样

（四）会长办公室家具

图3-70　2015年米兰世博会长办公室实景

1. 汉唐桌

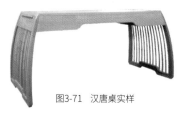

图3-71　汉唐桌实样

整体设计以中国传统家具中"厚板足条几"为基础进行创新的设计，它用三块厚板做成。但在两侧板上开光用竹节状条杆进行装饰，有一种出人意料的效果。侧面挡板采用原生态的竹竿形状，突出表现了传统文化中的竹文化。表现出清雅脱俗、高雅的文人气质。

2. 世博圈椅

设计灵感源于世博贵宾室墙面装饰上代表"生生不息"的土与树元素，坐垫清新，以竹节形态装饰，健康怡然，竹报平安。

图3-72　世博圈椅实样

（五）宴会厅家具

图3-73 2015年米兰世博宴会厅实景

1. 如意餐台

设计灵感源于明朝《琵琶记》中香几造型, 腿部支撑造型是中国式弯腿的设计演变。腿部结构设计为可收放的功能, 便于搬运及空间灵活运用。桌面采用海派家具"双包镶"技法制作。

图3-74 如意餐台实样

2. 竹节椅

设计灵感源于唐代画作《六尊者画像》。整体造型方正端庄。几何锦地纹装饰靠背, 正中心雕刻传统纹样作装饰, 寓含"锦上添花"之意。椅子通体以竹节形态连结, 寓意"廉洁公正"。多处施以攒斗工艺, 既通透优美, 又牢固耐用。

图3-75 竹节椅实样

三、上雅（新L2）

百年海派黑，经典新时尚

图3-76　法国Gwen和上雅系列

（一）产品故事

2005年5月，在清华大学举办的一次设计交流活动中，来自法国的新锐设计师关志文（Gwen）来到中国，被东方文化所吸引，决定在中国发展。不久，他前往上海，为外滩做了多个精彩的设计方案，赢得了"外滩先生"的美名，并深深喜欢上了中西合璧的海派文化。两年后，他联合亚振品牌，为年轻人群设计开发了"海派黑"为主基调的"复兴古典"系列。2016年，又将这个海派元素应用到上雅系列，并比9年前更时尚。亚振"海派黑"保留了百年前经典色的韵味，饱和度降低，向咖啡色靠近，使之更符合当代人的审美观。

上雅系列以"包容创新"的海派精神为核心，融贯东西方文明，为都市白领打造时尚、简洁的居家氛围。它将多种家居文化融为一体，既有美式的随意、北欧的简洁，还有中国的含蓄雅致之美。它通过装饰艺术的手法，在简约中讲求细节的考究和精致，在不经意间，流露干练利落的气质。亚振人在东方与西方、古与今的兼容并蓄中创新设计，献给当代的中国青年。

图3-77　制作此系列所用工具及材料

不同于古典产品的华丽，此系列以中性色彩为主，容易搭配。木质部分三种颜色混搭，既雅致耐看，带有古典美，又活泼时尚。在亚振产品发展历程中，此颜色三拼的运用，是继枫丹白露系列之后，在颜色创新上的再一次升华。此外，人性化功能设计和考究细节的精心处理，在此系列上运用得尤为突出，处处体现了设计研发团队的用心。

（二）设计思想

1. 客厅

灰色是此客厅家具主色，经典百搭，中性，营造沉稳内涵的居室气质；此外，木色和象牙色点缀，增加跳跃生动感。研发时，考虑到客户家中墙壁可能的颜色，而选取了此色。如果家里的墙是白色或其它浅色，这个空间就会非常沉稳和干练；如

图3-78　上雅客厅

果是带花纹的墙纸，则会和墙面形成互补，增加宁静感，不至于视觉上太繁杂。

此空间基本不运用繁复的古典元素做装饰，而是通过巧妙的颜色搭配、和谐的线条美、考究的细节设计来塑造整体沉稳的美感和价值感，虽简约但毫不简单。

（1）沙发。沙发造型源于亚振收藏的百年前海派老图纸，在20世纪上海知名的"现代家庭"公司为和平饭店设计的美式沙发基础上，重新设计而来。面料由意大利进口头层牛皮与面料的混搭全软包而成，坐垫为皮质，易于打理；后背为面料，增加温馨感，整体色调为中性色，灰色+水蓝搭配，自然而沉静。体量中等，适合15-20㎡的客厅。

图3-79 沙发实样

带板下面露出的脚型及坐垫镶嵌于扶手和底座之间的结构，其设计想法源自中华传统的"榫卯"文化，边线整体用银泡钉固定，兼代装饰功能，由五年以上经验的沙发包饰技师纯手工敲钉而成。整体风格参照了美式沙发的特点，全软包设计，在充分体现"舒适感"的同时，考虑到年轻一族的审美观，打造优雅和摩登感。

做有文化的产品

(2) 小茶几。小茶几由方、圆几何形搭配，由中国"天圆地方"的传统文化理念设计而成。几面为"雅士白"天然大理石，黑白色调搭配，经典而显气质。受中华传统托盘的启发，茶几面的边缘内收，表达"收拢、聚拢"的禅意，同时还增强日常使用的便利性。底座呈八面形状，与脚的连接采用平滑自然的过渡方式，整体浑然一体；底座借鉴中华传统家具的托泥结构，既加强稳固性，又增添稳重感。

图3-80 小茶几实样

图3-81 休闲椅实样

(3) 休闲椅。 橙色皮质休闲椅在明式圈椅基础上，结合北欧椅子特色，改良而成。在明式圈椅经典造型上加入软包靠背和坐垫，增强舒适性。坐垫去掉就是木面休闲椅，一椅两用。扶手末端设计为鸭嘴状略扁的造型，更符合手掌曲线，使用者在用手触摸时，感觉更愉悦。靠背逐渐变细，视觉上更流畅生动。腿部摒弃了圈椅常用的托泥造型，而借鉴北欧家具特点，腿部略微外侧，显得轻盈简洁。面料颜色采用爱马仕橙色，与木框的海派黑搭配，时尚而典雅。后背全软包，采用德国进口头层牛皮，与保时捷汽车同样的皮革供应商、同样的品质要求。

2. 卧室

此卧室舒适、素雅，不受室内风格局限，适用性广。因家具整体上很素雅，所以无论是素色墙面还是花色壁纸，搭配都无违和感。此外，无论是铺素色或色彩斑斓的床品、无论选几何图案，还是古典纹样，都可和谐搭配。象牙色和香槟色是此空间的主要色调，床、梳妆台的边框为经典而时尚的"海派黑"，增添稳重感。

图3-82 上雅卧室

图3-83 梳妆台细节

（1）梳妆台。 梳妆台镜面支架源于中式"提篮"造型；燕尾榫造型的抽屉面板更具一份中式情怀和雅致。台面为暗盒设计，分割成不同格子，便于放置首饰。左侧抽屉底部也被划分为多格，便于主人分开放置不同的梳妆用品。

（2）床。 此款床由老上海歌星"金嗓子"周璇在上海华山路枕流公寓设计的Art Deco 风格卧室家具基础上重新演绎设计而来。该图纸由老上海"水明昌木器号"于1936年绘制，现被收藏于上海亚振海派艺术馆。在原型基础上，降低床尾低片，使之不外露，这样铺床更方便，视觉上也更开

图3-84 "金嗓子"周璇

阔，广泛用于现代12-20㎡的中小型房间。靠背由德国进口的牛皮包饰，两边采用典型ART DECO风格常用的阶梯元素装饰，整体被直线条划分为几个部分，根据年轻一族的喜好，尽显时尚、现代感。

（3）**床边柜。**床边柜由层板划分为几个区域，灵活放置不同物品，铜条自下而上，贯穿整体，底部抽屉的门板造型为燕尾榫造型。

图3-85 上雅餐厅

3. 餐厅

此餐厅从墙面、灯饰到家具，都是简洁利落的直线条，让整个餐厅显得利索干练，以实现日常功能为主。木色、象牙色、海派黑混搭，虽然制作上费工夫，但视觉上更生动活跃。它相当简洁，但仍不失美感和品质感。20世纪流行的装饰艺术手法被设计师灵活运用，通过线型塑形、精致细节处理、颜色和谐选搭，予以实现。当代装饰艺术之美和人性化设计，在此空间上得到充分体现。

（1）**餐桌。**桌角独特的燕尾榫元素、镀玫瑰金脚套装饰。桌子四边的白色部分为弧线形，中间上凹，增添优美流畅的视觉美，另外可让就餐时的使用体验更舒服。桌面边沿为4层阶梯状设计（20世纪经典装饰艺术元素），做工费时，但增加了视觉美。

图3-86 餐桌实样

（2）**餐椅。**此椅既注重舒适，又兼顾价值感。靠背及坐垫为全软包设计，温馨时尚。中部留出阶梯状的镂空面，既增加通透感，又便于日常生活中挪动；边框留出些许木框线条，体现木材的温润感。

4. 书房

学习、办公、休闲娱乐，离不开一个让自己身心放松的书房。一个不大的、知性的读书空间，就能显示主人的情怀和气质。上雅书房简洁而小巧，细节精致考究，象牙白与海派黑的颜色搭配，既沉稳又时尚耐看。自2016年推向市场以来，就深受中高端公寓的白领们喜爱。

书桌、椅子的设计，均以轻巧实用为目的，适用于小空间。尤其是书架，采用敞开式设计，将功能和通透美相容。此书架由中华传统家具博古架进行演绎开发，视觉上既通透开放，轻盈、有活力。同时，融入部分柜门结构，不同结构搭配，灵活多变，增加稳重感和设计感。脚部用玫瑰金脚套装饰，卷帘元素、现代智能化的光电感应均有运用，现代而时尚。侧面设计灵感来自梯子造型，寓意"步步高升"。

图3-87　上雅书房

四、海派风尚（L12）

要干练，也要精致

图3-88 干练、精致的设计风格

此系列由亚振前设计总监、法国设计师GWEN带领团队开发，2018年推向市场。它突破了传统家具对木材的眷恋和依赖，通过木、石、皮、布、玻璃等不同材质的和谐结合，塑造干练的产品气质，为目标人群打造现代简约的居家氛围。

设计灵感源于对都市生活的思考，以和合之境、融汇了中西文化精髓，并且用一种简约手法，将海派设计的唯美衬托得更加动人。海派的优雅不是一笔一划地描摹，而是日复一日的感受，海派之美并非只是"美则美矣"，更多的是作为家居作品本身的功能性体现，比如充电功能、感应式LED灯以及磁感应安全锁功能。此系列主材有黑胡桃木和榉木两种，用户可自由选择。为使整体的色彩更跳跃生动，还选用枫木做辅材，增添些清新气息。

1. 客厅

图3-89　尽显海派风尚的客厅

（1）**三人沙发**。沙发造型现代简洁，旨在展现出一种精致尚雅的生活方式。为了打造更为舒适的体验感，其扶手比普通的沙发要长一点低一点。整体采用木质边框，线性流畅。脚部同样使用木质边框，彰显现代精致的设计感。

图3-90　三人沙发实样

（2）**长茶几。** 长茶几造型现代优雅，简洁精致，采用枫木与胡桃木结合的设计。下部镂空，兼具收藏与展示功能，茶几的两面都有两个抽屉。

（3）**休闲沙发。** 这款单品沙发做成饱满的"围合"形态，简洁的造型加上海派的几何花纹，不仅是致敬复古，也提供了更现代的生活方式；胡桃木与皮质恰到好处地结合，简约大气，有一种亦古亦今的美感。

图3-91　休闲沙发实样

（4）**圆形边几。** 边几风格为后现代风格。边几的脚部与餐桌相得益彰。采用胡桃木制作，托盘为枫木材质。顶部的托盘为可移动茶盘，使用功能性强。

图3-92　圆边茶几实样

（5）**电视柜。** 客厅电视柜的设计灵感源于后现代主义风格，整体精致而不失细节之美。中间部分的第一个抽屉采用滑动托盘与烟色玻璃组成，提供了独特的使用功能，可以用于放置电视机顶盒设备和其他的配件。通过玻璃的使用，可以方便设备与遥控器的连接。除此之外，还有两个橱柜以及两个大抽屉，可提供更多的储存功能。整体框架采用深色胡桃木进行装饰，面板浅色大理石，耐磨性好。

图3-93　电视柜实样

2. 餐厅

（1）**餐桌**。餐桌呈椭圆形, 视觉上小巧, 可使整个餐厅空间无形中增大。桌面以薄木镶拼装饰, 显现木材天然的纹理美。

图3-94　餐桌实样

图3-95　餐椅实样

（2）**餐椅**。餐椅是餐厅独特的一个亮点, 它营造了一种精致、高端的用餐氛围。椅子采用了相对较薄的座垫和靠背垫的厚度, 现代而时尚。在需要的时候, 椅子的背面可以单独设计成黄铜和皮革制的抓手。

3. 卧室

（1）**床**。此款床有西式古典产品的韵味, 设计师对经典进行时尚重塑, 通过简化处理, 用现代的造型呈现。简洁中透着时尚感, 优雅的皮质与干净的木质线条和谐搭配, 精致、舒适的空间跃然眼前, 深与浅、柔与硬, 在色彩和触觉的对比中, 使空间显得更为简约。

（2）**床头柜**。两款床头柜可选, 以适应不同客户的需求。三个抽屉的床头柜用于主卧, 两个

图3-96　卧室大床实样

图3-97 床头柜实样

抽屉的床头柜用于客卧, 也可混搭使用。柜顶部两侧边和背部稍高于柜体面板, 以防止物品掉落。三抽床头柜的顶端, 同时配备手机无线充电功能, 便于日常使用。

(3) 低柜。 低柜由枫木和胡桃木两种实木打造, 造型现代优雅。装饰柜右侧门可从顶部打开, 内部有三个不同储存功能的抽屉。

(4) 梳妆台。 梳妆台设计小巧, 顶端、两边均可打开, 具有高度的实用性。它为卧室提供了独特的设计感, 并为其提供了充分的存储和分类功能。它的特别之处在于镜子两侧装有LED灯, 从而为化妆时提供完美的灯光效果, 这是现代科技在家具上的应用。

图3-98 梳妆台实样

图3-99 梳妆台细节

4. 书房

(1) 书桌。 此产品体现出简易美学的原理, 功能性也是它的一大亮点, 工艺考究, 造型优雅。自然木纹理办公桌添加了诸多功能, 比如可以翻开的小桌板, 翻开后, 里面另有玄机, 可以极大增加储物空间, 并且还安置了电源插座, 可以为移动设备及时、快速充电。它为年轻一代消费群体提供了兼具艺术美学、高品质工艺及高端实用性功能的产品, 也满足了他们对轻松、舒适生活方式的需求。

(2) 书柜。 此书柜可根据尺寸定制。大面积的物品放置区域由若干个小空间组成, 三门两抽屉的设计满足不同功能的需求, 底部的抽屉有个隐藏可滑动的托底, 顶部的抽屉可以安装带有预装电源插座的打印设备。在一些特定的区域, 安装LED灯, 让灯光不会刺眼, 确保一个温馨舒适的居家氛围。

图3-100　海派风尚书房

五、AZ.印象（66、68型）

装饰艺术中呈现的当代轻奢

图3-101　AZ.印象客厅

此系列开发于2018年，定位"轻奢"，适用于150平米以上的户型。设计师依托上海百年海派文化背景，把格调高雅的精神文化融入到高精尖的居住要求中，将"干净简洁、气质从雅、干练且理性"转化到现代人的居住形态中。在保持现代生活诉求的基础上，传承一种对古典精神的颂扬与极简现代均衡融合，用简单的方式，创建独特的高雅格调。

表现手法上, 它突破了传统家具对木材的眷恋和依赖, 通过金、木、石、皮、布不同材质的结合, 为目标人群打造现代轻奢的居家氛围。金属的运用尤为突出, 除细部装饰外, 部分承重部位亦用金属代替, 使整体空间更显气派和价值感。

图3-102　AZ.印象卧室

此系列以睿智冷静的海派黑为主色调, 以典雅的灰色、自然神秘的蓝灰、焦糖色搭配。中性色调在比例、情绪和故事之间平衡出了无限的舒适。精致饰品点缀其中, 激起空间的艺术性, 接近生活又高于生活。此外, 该系列以创新探索当代ART DECO装饰艺术为核心, 在艺术造型、视觉审美上, 均赋予原汁原味的海派味道。众多细节, 均有百年前典型的ART　DECO装饰纹样, 但以当代人的审美而呈现。木质框架独具特色, 它多以不同方向的切面装饰, 就像匠人的凿子随心而作, 凿出一个个切割面。面板装饰, 采用黑檀薄木艺术镶嵌, 人字形纹路。无论远观还是细赏, 均有强烈的视觉冲击力!

六、AZ1865

东方美、国际风

图3-103　AZ1865禅椅

(一) 产品故事

2010年起,亚振产品被多次选送到世界博览会舞台。团队发现,无论西方友人,还是东方面孔,都很喜爱轻松时尚、中西合璧的现代空间。在经历了东西方的古典文明之后,阅过丰富的外在世界,人们更渴望在时尚现代中寻觅自我,传递东方情怀。正是如此,经过几年的设计探索和研究,AZ1865应运而生。它通过贴心设计表达对当代居家生活的理解,以人为本;用简洁的国际语言传递东方人文之美,海纳百川。

AZ1865分为本然、觅上、无同三个系列,它是亚振家居于2018年推出的现代海派新品,带有浓郁的东方人文情怀。

2018年9月,国际家具标准化会议在上海1865园区召开。在此期间,亚振特邀参加此次会议,与来自全球各国的家具专家们一起参观园区。当流连于各生活空间展示厅,大家对AZ1865产品赞不绝口,一致认为这些空间的陈列布局体现了国际化的生活方式,而家具本身体现了很好的品质。标准化会议主席Marco Fossi说:"这些空间有一股神秘的东方气息,产品特别有价值感。尤其是餐桌,桌面的铜条装饰,明显是匠人的手工之作。"

图3-104 2018年9月,国际家具标准化会议期间,Marco Fossi主席与亚振研发总监李立辉先生在AZ1865展示厅

(二) 设计思想

1. 设计思想要点

此系列以中国家居文明为根,同时吸纳东西方美学思想,用当代的装饰艺术手法、人性化设计和考究的制作工艺,打造时尚舒适的精致空间,在居家氛围中体现东方情怀和文化自信。

(1)融人类文明于一体,将分别代表"农耕文明、游牧文明、工业文明"的木、皮、金属相结合,展示当代的装饰艺术。

(2)应用马鞍皮,进行表层贴面装饰。马鞍皮

图3-105 AZ1865餐椅,木、皮、金属结合

图3-106 马鞍皮饰面

由天然牛皮鞣制而成,寿命比一般牛皮更长。此种手法,类似于百年前由西方引进的薄木镶拼工艺,只是材料上进行创新,以皮质代替。

(3)倒角设计,工艺考究,细节有无穷变化,使产品耐看。

(4)应用源自国际的有机设计,使单个部件宽窄变化、部件之间浑然一体,犹如天生。此做法尤其考验配料、制作工艺,非精工细作难以达标。

(5)产品拥有端庄精致气质和人文气息,部分空间力求打造有东方意境的禅意空间。

(6)制作技法东西方结合,传统的榫卯结构在不同产品上广泛运用,主要为燕尾榫、直角榫、圆棒榫。

(7)主材两种,分别为黑胡桃和桃花芯,供客户选择。黑胡桃纹理清晰、细腻优美。此外,中国对北美胡桃木的专业研究,已有50多年的时间。中国人非常熟悉它的秉性,用北美黑胡桃做家具,稳定性很好。桃花芯的花纹绚丽、变化丰富、光泽强、纹理直、结构细致均匀,是世界名贵木材中的一种。在欧洲多用于皇室家具及饰件,地位等同于中国传统的优质红木,象征着尊贵的地位与身份,被誉为"西方红木"。

2.设计对应空间的思想

各个空间有不同特点,现选取其中几个予以介绍。

(1) 本然客厅。其设计灵感来自"旅行"。旅行,不是去看风景,而是去寻回最本真的自己。 通过此空间,展示人们对"自我"的表达,在家居空间之中,充分展示

"我"的生活情怀,展示作为一个热爱中国文化、同时有国际化视野当代中国消费者的生活与审美。此空间整体上方正庄重,体现了中华注重"礼仪"的居家陈列气息,在家具呈现上,也兼顾舒适之感。

图3-107　本然客厅

沙发"稳、实、厚",材质选用高密度海绵,坐感略偏硬,使人坐有坐相,有"礼仪传家"的中国情怀。同时,此硬度的设计尤其照顾年长者的日常使用,起身更方便。沙发靠背两端略出头,此为中国传统"灯挂椅"特征的演变;侧面装饰为旅行所用箱包上的搭扣元素。

休闲椅的设计灵感来自航空座椅,尤其注重坐感舒适度。其细节制作精良,费时费工。仅仅是扶手软垫,就经打槽、定位、剪切、精修、比对、安装六个步骤,纯手工

图3-108　制作考究的休闲椅扶手

制作。扶手下端为纯铜装饰,体现价值感和轻奢气息。

茶几为椭圆和圆形小茶几三件组合,突破常规配置,兼顾视觉美和收纳功能。椭圆茶几的设计灵感,来自威尼斯贡多拉小船。曲线型的圆形、椭圆茶几和方正的沙发搭配,增加了亲和力。圆茶几内部有分格设计,尤其注重贮藏功能,其整体灵感来自传统的"粮仓"造型,寓意"丰衣足食、生活富足"。

(2) **本然卧室**。此空间有浓郁的东方风情,其中多个产品均从传统家具文化演绎而来,有明显的传统印记。产品形制、陈列布局,则体现了现代人的生活方式。简

图3-109 本然卧室

言之，此空间是典型的东西方文明、古与今传承与延续的对话。比如床的设计，款式上是海派片子床的形制。此种高低片床的造型，百年前随着西洋人的到来，逐渐引进中国的沿海、沿江大城市，从上层社会居住的花园洋房开始，逐渐遍及全国。经过百年发展，现已走进千家万户，替代了中华传统的卧具，如拔步床、架子床、炕。

此款床的高片以陈列在博物馆中的古代服饰造型为灵感，两端伸出，略呈弧形，视觉上柔和，使用体验上更舒适，兼具安全感。此造型寓意"拥抱"，犹如伸开双臂，拥抱家人、拥抱美好生活。最上端部位经过多次打样调整才成型，其造型、比例、高度、软硬度已趋于完善，金属部件加以点缀，增添了些奢华和时尚气息。

配套的床头柜由中国古代提盒为灵感而设计，配备智能感应灯，顶部圆盘可置物。

(3) 觅上客厅。 此空间较为现代稳重，其设计灵感来自上海名媛端庄的仪态和落落大方、独立大气的精气神。沙发的造型来自女子晚礼服的束腰，远远看去，可感受到被拥抱的温暖感。步入此空间，轻轻坐上去，沙发坐垫略偏硬，人的仪态更挺拔，特别是年岁稍长者，起身会较为轻松便捷。此件产品的制作，除考虑装饰美感，更考验工艺。仅是后背的"束腰"装饰，就经历胡桃木制作异形

图3-110 觅上客厅

做有文化的产品

部件、直角榫工艺嵌入、金属部件连接三步骤,从选料、打孔、结合各个环节,均需精工细作,方能确保厚实而优美的气质。

大方茶几设计灵感来自清代古董果盘,整体寓意着"丰衣足食"。茶几面由整块大理石切割四块,再按原本纹路样式镶嵌,"形散神不散"。底座的设计,更是饱含设计团队的心思。如低头细细品味,会发现底座上均饰以海派石库门元素。此浅浮雕装饰纹样,是设计师向包容大气之海派精神的无上敬意,正是这开放接纳各种思想的海派精神,架起一座融贯东西方家居文明桥梁,让人们的生活跨越国界、异彩纷呈。

(4) 觅上餐厅。此餐桌的设计和制作独具匠心。腿为金属材料霸王枨,既确保牢固又增加美感,以金属替代传统木料,是对传统工艺的创新。虽然简洁到极致,但桌面制作尤其费功夫。装饰用的金属条为3毫米纯铜,经过精心切割、拼接后,由10年以上经验的老匠人手工敲击、打磨而成,确保铜条和木材面浑然一体,严丝合缝。

图3-111 觅上餐厅

2018年,国际家具标准化会议在1865园区召开期间,标准化会议主席Marco Fossi参观完1865产品后说:"这个餐厅特别有价值感,我尤其喜欢。桌面的铜条装饰,是典型的匠心之作。"

(5) 觅上卧室。整个空间色调温和,稳重大气。低柜将分别代表"农耕文明、游牧文明、工业文明"的木、皮、金属相结合,展示当代的装饰艺术。此外,精选马鞍皮进行表层贴面装饰,周边饰以明线,由七年以上缝纫经验的技师手工完成。床高片带双翼,一眼看去,可感受到被拥抱的温暖感。夜幕降临,主人悠闲地将头倚靠于床头,舒适安心。靠背整体造型,设计灵感来自女子晚礼服的束腰。床头柜的支撑设计,上窄下宽,稳重而灵动。拉手为皮质部件,设计灵感来自旅行用的"箱包"。

图3-112 觅上卧室

七、麦蜂 (71、73型)

简约混搭风

(一) 产品故事

此系列于2019年推向市场,是亚振前设计总监GWEN带领研发团队开发的现代款新品。GWEN带着对法国文化的情感,将巴黎高端公寓优雅摩登的气质融入空间打造中,为东方的都市青年营造有质感、精致的居家氛围。同时,它将北欧、亚洲等多种风格融汇,并结合当代人的居家诉求,进行创新演绎。

图3-113 麦蜂客厅

（二）设计思想

采用"去繁从简、以少胜多"的设计技巧，研发团队用几何、形状、线条及少量的色彩塑造简约干练的产品气质。产品简约而不简单，通过金、木、石、皮、布不同材质的结合，嵌、拼、生长、包覆、分割，多种细节处理的方式，打造简约轻松的家居产品，以此希望在繁华都市中为目标人群打造净化心灵的温馨港湾。

麦蜂服务于都市中高端公寓，适用于80平米以上的中小户型，其目标人群为25岁以上、喜欢时尚而舒适居家空间的白领。

各个空间均以东西方都市生活美学为研发基础，时尚简约，注重混搭。产品看似简洁无奇，但做工考究。透过80后设计师敏锐的眼，融入60后老匠人朴实的心，历经上百双久经沧桑的手，悄然展示无形质感。每一款产品，均是"追求极致、永无止境"的匠心之作，这是一群有情怀的人设计的有温度的产品。步入展示空间，轻抚原木的花纹，注重生活品质的人们，不禁会心一笑。

（三）总体特色

图3-114　带燕尾榫设计符号的餐椅

这些新品是亚振产品发展历程中的一次突破和革新。作为一个以家具自主设计起步的企业，设计团队一直有一个愿望，即像众多知名的国际奢侈品牌一样，在亚振产品上打上自己独特的设计符号，让家具在视觉上拥有核心基因识别，就如爱马仕标志性的的"H"符号、其独特的色标体系一样。近三十年来，亚振对自己的设计基因符号，一直在孜孜探索中。AZ组合、燕尾榫卯标志、橙色、祖母绿色等均是设计团队提炼、应用的其中几个符号。

以往的产品,仅仅在面料、木质装饰的纹饰上值入燕尾榫这一设计符号。而此系列是将燕尾榫和简洁的物理造型融为一体,力求打造亚振产品独特的设计基因。此外,混搭设计贯穿于此系列所有空间,彻底颠覆了过去同一空间"套系化"的做法,让每个消费者的家千变万化,空间配置随心随性。

1. 颜色

面料中性素净,体现轻松氛围;框架黑胡桃色为主,显沉稳。

2. 主材

以黑胡桃、桃花芯为主,纹理质地细腻,突显精致。材料选取上,尊重木文化,结合东方人对木质神韵的喜爱,通过体现木质感,塑造"贴近自然/健康"的感觉。

图3-115　麦蜂空间一角

3. 面料

以棉麻为主,突出舒适的触感,体现温馨、舒适的视觉效果。

4. 搭配

单品间可混搭,实现更好的空间配置灵活性。

5. 典型元素

图3-116 带切面设计的茶几

燕尾榫卯符号被融入造型设计之中,并多次运用,体现设计师对传统文化的敬意。

6. 工艺特色

为了使家具细节有变化,不至于呆板,扶手、腿部等多处用倒圆角、斜角等切面工艺,让部件像钻石一样,呈现多个面。此工艺从设计到制作均费时费力,只为呈现精致、耐看的美学效果。

第四节 固装定制

一、市场的呼唤

一个客户的心声

除了给我家具, 我还要环保和舒适;

除了给我家具, 我还要人文关怀和贴心服务;

除了给我家具, 我还要品味、气派和腔调;

除了给我家具, 我还要精致考究的美;

除了给我家具, 我还需要个性释放和随心所欲!

以上是一位文化学者写的诗。虽为闲暇自娱自乐之作, 但真实反映了当代人对家居生活的诉求。人们对家居的期望, 已远远超越了家具在物理层面的日常功能, "家"是个人品味的释放和展示。

随着社会的进步，人们的品味、需求不断升级，消费市场日益变化，这也是家居定制市场蓬勃兴起的原因。2017年，顺应市场发展，亚振推出柜类固装高级定制业务，满足人们个性化的需求。

二、亚振高定

2017年，亚振高级定制研究院与意大利米兰理工大学、英国圣马丁艺术学院、清华大学、同济大学、南京林业大学、深圳家具研究开发院、上海时尚联合会等通力合作，对高定产品进行研究。到2020年为止，旗下有Castello（典藏）、Deco（雅奢）、Moda（简致）三大固装定制系列。

这三大系列，古典到现代韵味均有，可轻松搭配不同活动家具，且延续亚振精致考究的产品特色，注重细节。古典风情的空间，讲究"气派"和"品质感"；现代风情的系列，则注重"科技、时尚、智能"。主材为桃花芯、赤桦、橡木等，采用板木结合工艺，雕花部分则由多年雕刻经验的老匠人手工制作；护墙板采用独特壁挂工艺，可拆卸。

图3-117 Castello系列

Castello系列吸取经典建筑的艺术元素，成为全新作品的创作灵感与启发，将设计语言注入现代审美，让传统与现代对接，展现出多元文化的热烈触碰，传递出经历岁月沉淀的贵族精神，完美诠释经典亦时尚。

枫丹白露是Castello下的一个产品线，其典型特点为清新自然的象牙白。它融合优雅婉约的线条，搭配百叶门、玻璃门、平框门三种不同的门型，有效化解空间的逼仄和乏味，无瑕的白与金色哑光的铜质把手形成鲜明对比，冷暖色调搭配，脱离材质本身的平面视觉更具有立体感，整体搭配效果脱颖而出。

图3-118　Castello旗下产品细节

DECO系列以装饰艺术为创意本源的极致表现，充分发掘现代装饰艺术中材料美学的家居应用价值，将艺术美学与功能性进行完美结合，透过装饰艺术更人性化的表现，塑造出"时尚、雅奢"的高格调艺术家居氛围。它把百年装饰艺术注

图3-119　Deco系列

入新的活力，通过当代装饰艺术手法，体现设计感和品质感。其材质多样化、装饰图样多元化，视觉上摩登时尚，反映国际前沿流行趋势。

亚振的DECO系列，将百年前经典进行传承和全新演绎，如几何形硬朗的边框线条、台阶式拉手造型、放射状拼花图案、传统燕尾榫的演化设计等。此外，还大胆应用了21世纪新的装饰元素，比如运用多种木皮饰面，运用多种材料创新组合，像皮革、玻璃、金属、贝壳等。

MODA系列以现代极致的观感，融传统制作工艺和现代科技于一体，演绎空间功能美学，在极简中追求现代新潮，引领智慧生活，融入对超越物质的极致品质生活追求，在最简约大方的效果中，Moda体现不一样的时尚奢华。这些产品外形极致简约，应用科技智能元素，拥有当代最为时尚摩登的灵魂。它们适应现代风室内设计，返璞归真，体现简约之美，同时把国际最新的材料、科技、功能、居家陈设思想予以应用。

图3-120　Moda系列

图3-121　亚振海派艺术馆(如东)实景

第四章

亚振的软实力

　　家居产品的设计，融功能美和文化审美为一体，最终是为了表达目标人群的需求。而海派设计的伟大之处，在于从手法上海纳百川、不拘一格，就像中华文明一样，有和合的包容气度，这注定它拥有蓬勃的生命力。

亚振品牌创始人

第一节　设计理念

　　家具业是民生产业,是解决人民的衣食住行的产业;而家具是人们生活中必不可少的器具,是生活方式的载体。企业设计和生产的家具要满足目标人群的需求,则必须包括物理层面和精神层面两个方面。前者要求有更完备的物理层面功能,有更环保的性能,并且建立于懂人、懂生活的基础之上;后者要求产品符合现代人审美需求的特征,富含家居文化价值。

　　亚振新产品的开发皆从这两个基本点出发。从1979年高伟先生入行开始,便不断钻研家具设计之道,将其对东西方家居文化的理解融入产品之中,将目标受众人群的物理和精神层面需求融入家具实体。自1992年亚振创立以来,他带领设计团队持续探索,收获颇丰,形成了亚振产品独特的风格和设计思路。

一、设计宗旨:表达目标市场的需求

　　20世纪90年代起,中国的国家经济社会环境快速变化,主流审美观持续提高,人均生活消费和住宅面积也日益提高,家具业持续发展。亚振人秉承"设计立业,诚信经营"的理念,坚持自主开发设计产品,针对尊雅、殷实、稳健和有一定文化品位的消费者开发既实用、又有艺术气息的产品，每款产品针对目标受众中的某一特定人群而研发。最早可溯源到1992年公司成立之初，亚振开发的1型产品起，始终满足着广大客户对家具功能性、观赏性、环保性和精神上至尊享受的需求。自始至终，亚振产品的设计基于对"家具与人、家具与居家生活"的理解基础，紧扣目标受众的诉求，没有哪一款产品的设计脱离了"服务于人"的宗旨。

二、设计准则：开发有文化底蕴的产品

开发有文化底蕴的家具。是亚振的设计准则。每一个空间，透露着主人对家居生活的追求，反映着主人的喜好和生活方式。有气质的家具，如同衣着品味，也是主人的选择，是一种优质生活的表达。

所有的亚振产品在研发时遵循品质感、内敛的特点，将丰富的家居文化内涵、团队对目标人群的理解、对生活的理解蕴含于设计中，使产品在显现品质感和价值感的同时，含蓄低调且蕴含文化品位。所以，开发产品时，从不追求荒诞怪异或夸张的造型，包饰选择和油漆色调从不特意采用意欲夺人眼球的艳丽色彩，整体风格远离张扬且豪华铺张的格调。此外，亚振也不走特意做旧、好似有几百年历史的沉重感、古朴沧桑感的风格路线，而是力求显示目标人群大众化审美格调，把品质感、奢华感和低调气息亲和相融，使每件产品都可在居家氛围中轻松享用，既是赏心悦目的居家生活用品，又是具有文化内涵的艺术品。简言之，亚振产品既含蓄内敛、精致典雅，又不失品位感和自尊享受。

图4-1 亚振于2014年推出的枫丹白露(L9)卧室,清新时尚,同时带有古典美

　　每款产品均承载着"传承家居文化、传递人文关爱"的品牌责任。亚振人力求将已延续千年的东西方家居文化精髓融于设计之中,从人性化、舒适性、实用性、美观化和艺术性角度综合构思。通过精心设计,确保每件产品造型美观、舒适安全、彰显生活品味,蕴含深厚的家居文化内涵。每一件家具均以人体工程学原理为基础,传达对人的尊重、对生活的热爱。这样,亚振产品超脱物理层面的价值,成为既能满足消费者日常需求、实现家具基本功能的产品,又是与居家生活息息相关的生活化艺术品,蕴含丰富的家居文化底蕴。

图4-2 2018年推出的AZ1865本然系列,带有东方禅意。

三、设计手法：中西合璧

亚振最初的产品系列主要以西式古典款式产品为主，后逐渐延伸到现代款的设计、研发和生产。团队既立足本国，又面向世界；既充分考虑中西方文化，吸收其"以人为本"思想，又把握客户的关注点，注重东方的人文需求。选择这类家具的客户已不单单是把家具作为简单的日用消费品，而是把它看作生活中调剂居家环境的艺术品、装饰品，是融艺术和实用于一体的全新一代消费品。

1998年，时任中国室内设计师学会会长曾坚，亲莅亚振考察，并为其题词："求创新而不沦俗套，求传统而不搞复古，求现代而不抄西洋。"

(a)   (b)

图4-3 曾坚（中国室内设计师学会前会长）
(a) 曾坚 (b) 曾坚题词

2001年7月，中科院齐康院士为亚振第一本样册面世提词："迷离的风光大地，孕育着建筑的灵魂，空间的生气离不开家具的精美，她舒适、她优雅、她协和，跨越世界的境界。"

(a)   (b)

图4-4 齐康（中科院院士）
(a) 齐康 (b) 齐康题词

岁月如白驹过隙，转眼间，亚振又在跌宕起伏的社会变革中走过了多年。带着各位社会朋友的祝福，循着专家学者的指点，设计团队的探索未曾停息。

东方的温文尔雅、西方的雍容华贵，怎样将两种文化完美地融合于家具之中？立足国内，亚振每年组织企业中坚力量参与家具业界诸多顶级研讨会。放眼海外，团队多次远涉重洋参加美国高点家具展、德国科隆家具展、西班牙瓦伦西亚家具展、意大利米兰家具展等国际家具界盛典，与国际一流家具设计大师同堂切磋技艺。对西方的剖析领悟，对东方的批判继承，亚振默默成就融贯东西的独特风格，最终完美地将不同家居文明融合于一体，个性鲜明。设计在前行，产品在迭代，但亚振人锐意进取、包容创新的海派精神恒久不变……

四、设计目标：经典亦时尚

经典时尚不但是时髦的概念，也是经典传承概念。时髦给人一种浮华而短暂的感觉，而完美的时髦则会永远传承。永远传承则必成经典，永不过时，就如奔驰、宝马、LV、范思哲等品牌一样，永远保持时尚。就像上海百年建筑和平饭店

图4-5　上海和平饭店大堂内景

一样，历经百年岁月，仍风采依然。漫步其中，让人不由自主屏气凝神，带着敬仰之情回想百年烟云。来到上海，人们以到和平饭店吃一顿晚餐为荣，于餐盘交错间让时光倒流，缅怀历史，回味荡气回肠的爱恨情仇。

这样伟大的品牌数不胜数，发轫于大上海的亚振长期浸染其中，其设计追求"经典亦时尚"。所有产品贴合人的需求，满足目标人群的居家需求而创作，不是为了标新立异，也不是纯粹为了成为艺术品而设计；经过消费者的认可，成为可以传世的经典之作。团队相信，设计完美而经典的好作品，让追求美好居家生活者，以拥

逭亚振出品的产品为荣。最终,人们会将使用这些历经岁月考验、带有浓厚底蕴的经典产品看作是成功的荣耀和恒久的时尚。

五、设计态度:追求极致 永无止境

不断否定自我,设计才能取得飞跃。在亚振,一件作品的设计稿被枪毙多次屡见不鲜,为设计符合目标受众人群需求的产品,出于专业的精神团队也会推倒重来。很多朋友、客户、业内同仁认为这样做失大于得,但可以肯定的是,恰恰这种做法成全了品牌良好的口碑。

亚振人以孜孜不倦、精益求精的"工匠"精神,追求完美的产品设计。这不仅表现在家具外形风格上,任何细节都可能使研发团队修改之后再修改,从产品尺寸、雕刻细节、颜色、包饰面料选择、材料选取、使用舒适度、安全性、环保性、收纳功能、质量稳定性等各个方面多次斟酌和改进,力求更好。

图4-6 枫丹白露(L3)卧室

2007年推出的枫丹白露系列,就是典型的例子。L1型腿的弧度经过9次调试和打样,方才定型; 面板、抽屉的线型经过7次设计修改,才确认投产;油漆颜色,则经过15次调整;L3 床的靠背曲线,修改了12次才最终定稿。而小小拉手的配置,在对比了20几家供应商的产品后,仍没有满意的,最终由亚振团队自己设计,请供应商打样定制而成。

在亚振设计师们眼里,追求完美的设计不是为了使产品成为仅供欣赏的艺术品,而是为了更好满足消费者的需求而不断完善。正是由于这种卓越的"工匠"精神,引导着团队对家具研发、设计和制作技艺的执着探索,成就了一款款经典之作。

六、设计远景：塑造有亚振基因的产品

多年前，当与创始人高总就设计的未来进行日常交流时，他带着憧憬，自信地说："我希望亚振家具上都有'一朵花'，当人们看到它时，就知道是亚振产品。"

他所说的"一朵花"，其实指的是产品的符号和基因。正如爱马仕品牌一样，产品有无形的优雅时尚气质、也有可视的"爱马仕橙"、"H"符号等设计符号。每当人们走进这样的品牌专卖店，就能感受到独一无二的品牌基因；走在大街上，远远看到人们佩戴的丝巾、包包，不用仔细查看LOGO铭牌，就能从产品外观特征、气质神韵上辨认出品牌。

图4-7　燕尾榫

图4-8　图中休闲椅面料带燕尾榫卯符号，由Luca为亚振特别设计

图4-9 2019年推出的麦蜂系列，
餐椅造型融入了燕尾榫符号

正是带着这样的愿景，近三十年来，亚振对品牌设计基因的探索，永未停息。迄今为止，亚振已经提炼出"A、Z"组合、燕尾榫卯、海派黑等多个符号，并广泛运用到家具设计、平面设计中。对于ART DECO 海派装饰艺术的研究，也一直在进行中，从上世纪90年代的5型，直到2016年开发的家具系列上雅（L2）、2019年新品麦蜂系列、空间展示设计等，均做了大胆尝试。

七、设计合作：坚持独立研发，兼纳全球智慧

迄今为止，企业绝大多数产品均自主研发完成，少部分与知名设计机构合作开发。依托强大的自身设计实力和多年家具研发经验，凭借庞大的国际、国内外脑专家群，亚振走出了一条"坚持独立研发、兼纳全球智慧"的设计道路。近30年来，亚振广纳业内设计精英，培

图4-10 2001年7月，亚振青年设计师张春兵、马均国与加拿大籍设计师在交流设计思想。

养研发人才。在建立专业人才储备的同时，企业与南京林业大学、同济大学等著名学府，与法国、意大利、美国、新加坡及我国香港地区的知名设计企业、设计师建立了广泛、密切、长期的合作关系。自2010年起，几任设计总监大多为外籍人士，如来自美国的菲利斯，来自法国的关志文等。

2016年，亚振再次牵手曾经在邬达克的祖国匈牙利学习数年、对最先发韧于法国的Art Deco风格早有深入研究的新锐设计师GWEN（关志文），一起探讨、开发新海派家具。这位来自法国、热爱海派文化的"外滩先生"，以敏锐的洞察力和广阔的国际视野，将欧洲现代生活方式和中国元素和谐融合，开发了多款新品，体现年轻白领

精致优雅的生活。而来自比利时的国宝级设计大师万德伦（Dirk Wynants），来自意大利的设计师Luca Sacchi，旅加华人设计师蔡小丰等，均加入了亚振研究和推广海派设计的宏伟事业。他们和上百人的研发团队一起，以满腔热忱，紧紧围绕在首席设计师高伟的身边，将自己对当下东西方生活的理解，融入空间的营造中；他们以过人的智慧融贯中西，展示21世纪的海派家居之美；他们怀着美好的愿望，通过亚振这个联动中西智囊的国际化平台，既实现自己的价值，同时又推动海派设计走向世界！

图4-11　2019年4月，高伟先生、李立辉先生在1865园区内与意大利知名设计师Cibic探讨设计

图4-12 2016年，亚振设计团队与比利时设计大师万德伦等在探讨方案后合影

图4-13 亚振海派艺术馆(如东)会议室

第二节　合作设计师

图4-14　2018年,设计总监Gwen与研发团队工作照

作为一个以设计立业的品牌,亚振对研发的专注,从不松懈。多年来,亚振广纳全球智慧,和众多设计师通过多种方式合作。除了就家具研发、面料开发、空间美学等领域作全方位交流外,还多次聘请外籍大咖担任设计总监,带领团队前行。

无数次东西方思想深入碰撞,火花四射,留下了精彩纷呈的亮点。多位合作设计师的倾心呈现,对亚振产品的发展产生了重大影响。中西交融的新海派设计大放异彩,诞生了一件件优秀的作品。多元与一体的共存和相融,有蓬勃的生命力,正如中华文明"和而不同"的气度造就了它五千年的精彩,绵延至今。

2017年2月,为促进海派设计的发展,给国内外精英打造一个交流的平台,亚振开展了"设计师沙龙"活动,引人注目。百年前的老上海,邬达克、鲍立克这样的有志青年,被她"包容创新"的精神所吸引,在这里创下了不朽的设计神话。今天的亚振,立足大上海,拥抱全世界,以广阔的胸怀,迎接胸怀大志设计师的到来,携手为海派设计注入新的活力。设计引领,永不停息!

图4-15 2017年2月,亚振国际设计师沙龙启动

与企业合作过的设计师人数众多,本章不逐一详述,现只对亚振设计发展有深远意义的其中几位大师作简介。

一、菲利斯（Phyllis Burke Russell）

把美国比弗利山庄的低调奢华
融入亚振产品

图4-16　设计师菲利斯

美国知名室内设计师菲利斯，以丰富绚丽的色彩、奢华浪漫的风格享誉国际，客户遍及美国、欧洲、中东和亚洲。她在美国洛杉矶工作了数年，服务于有"全世界最尊贵住宅区"之称的比弗利山庄，受到客户赞誉无数。

2010年7月，她带着对东方文化的热爱来到中国，作为亚振设计总监，开始了充满激情的合作。菲利斯女士将美国上流社会喜爱的低调奢华引入亚振设计，洋溢着美洲的大气之美，又毫不张扬；空间的打造优雅高贵，色彩靓丽。她将自己对东西方不同文化的深刻了解巧妙糅合，将过去融入现在，着力打造了定位高端的"百年好合"等系列。

图4-17　菲利斯代表作——百年好合客厅

二、海伦（Allan S.Elson）

小布什的御用设计师
来自美国的色彩达人

图4-18　设计师Allan

他来自美国，从事设计行业四十余年。作为国际顶级室内设计大师，美国很多顶级酒店甚至是元首府邸的室内设计，都由Allan完成。美国前总统小布什私人别墅中的室内陈设，就出自他的手笔。

他尤其擅长浓郁、富丽的色彩，对于颜色搭配、整个空间质感的体现，驾轻就熟。亚振如东博物馆二楼雅典娜新空间，就是他精彩的作品展示。2014年，他为亚振重新诠释海派印象系列客厅，开发经典的"红+黑"新品，为海派风情注入全新活力。

图4-19　Allan的作品——海派印象

三、卢卡（Luca Sacchi）

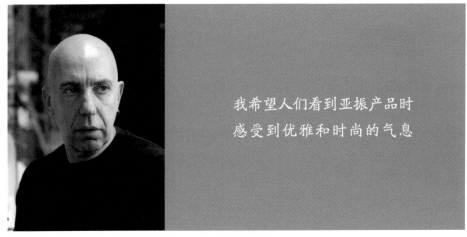

我希望人们看到亚振产品时
感受到优雅和时尚的气息

图4-20　设计师Luca

来自意大利的Luca是亚振艺术总监，爱马仕意大利橱窗设计总监。他从事创意设计工作已有三十余年，以其优雅至极的创意被称之为"鬼才"设计大师。在欧洲，Hermès, Dolce & Gabbana, Versace, Fendi、Hugo Boss等国际知名品牌都选择与他合作。他从2014年起携手亚振，就新海派产品、面料、橱窗设计、设计DNA等多方面进行深入探讨。

Luca尤其喜爱中华文化，在他的工作室里，到处是他收藏的中国物件。这个执着、认真的欧洲人，有一双善于发现美的眼睛，也有融贯中西的探索精神。结合欧洲奢侈品的设计理念，融入东方文化的灵气，是他的特色。对于面料的选择、纹饰的开发、颜色的搭配，他跨越东西文明，是当之无愧的大师。Luca的作品——雅典娜（2014年）不仅参与了米兰世博中国馆项目，为亚振世博系列家具的设计贡献了绝佳的创意，还结合国际奢侈品的理念，为亚振开发了"和合系列""丝路花语系列"等共几十款有亚振特色的纹饰和面料。雅典娜系列橙色面料、带"吉祥结"纹饰的餐椅面料都是他的智慧结晶。

　　2017年9月，Luca先生说："服务了爱马仕10年，我深深认同它的设计理念，即眼睛应该接触优雅，鼻子应该体味馨香，皮肤应该和最感性的物件轻抚拥抱。在意大利有一种说法，叫做'用眼睛来付钱'。我希望通过努力，让人们看到亚振产品的时候，感受到优雅和时尚的气息。这是我做设计的准则。"

图4-21　Luca的作品——雅典娜沙发

四、关志文（Gwen）

将法式生活的精致和考究
融入新海派设计

图4-22　设计师关志文

　　Gwen是"法国关设计"及"蓝眼国际建筑设计"创始人，也是亚振前设计总监、品牌大使。他出生在法国西部一个历史悠久的海军总督家族，从祖辈开始，其家族就对设计与艺术深有研究。从小熏陶在正统的艺术环境下，他明白了"注重细节"和"追求品质"的重要性，这也成为支撑他在艺术的道路上不停向前奔跑的动力和原则。他更是执着地相信，人们都需要置身于温暖和优雅的环境中，才能得到内心真正的宁静。在Gwen的眼中，设计就是表达的艺术，是对时间和历史的表达。

　　这个勇敢、坚毅的法国青年，怀着对东方文化的向往和热情，2006年离开欧洲，独自来华，开启了精彩的设计旅途。十几年的时光里，他一直致力于探讨中西方文化都能认同的当代设计，经过不断打磨，收获颇丰。2007年，他牵手亚振，将法国人对舒适、精致生活的理解进行诠释，大胆融入当代的海派设计。迄今为止，亚振多款现代家具的开发，都有他的心血和智慧。亚振旗下的"枫丹白露""上雅""海派风尚""麦蜂"等系列产品，都是他的精彩创作。即使是简约的空间里，法国人所崇尚的精致和优雅，也一览无余。

2016年10月，作为法国政府指定委派的设计师，Gwen主持设计和策划了在上海思南公馆举办的"Art De Livre法式生活艺术展"，得到各方好评。而旅居中国多年，在上海滩的一系列经典设计，让他赢得了"外滩先生"的美名。这些作品，包括外滩十八号Bar Rouge 露台酒吧、外滩十八号MMB外滩先生外滩夫人法式餐厅、外滩二十二号等。

图4-23　GWEN的作品—— 麦蜂系列产品

五、蔡小丰

"新海派设计"应该从传统的家具手工制造业，融入众多科技元素，使产品更人性化、智能化。

图4-24　设计师蔡小丰

蔡小丰先生为旅加华人设计师，是国际高端酒店规划和设计专家。他于上世纪90年代在南京林业大学任教数年，后于2003年毅然放弃国内安定的生活，勇敢地前往美洲闯荡，专业从事国际高端酒店的设计、管理工作。经过多年历练，在同西方设计师们密切合作、切磋的过程中，他积淀了融贯东西的设计智慧。在建筑、室内和家居设计领域，他都建树颇丰，在海内外具有一定影响力。

图4-25　位于淮海中路的亚振首个旗舰店

蔡小丰先生同亚振渊源颇深，曾为亚振做过多个大型项目设计。亚振品牌的首个独立店，曾位于上海淮海路1253号，其设计方案就由他亲自完成。这一位于上海百年知名商业街的小洋楼，如一件尘封已久的珠宝，在他的改造下光彩照人。后来，他又主持了亚振多个工程项目的设计，如上海沪太支路1107号办公楼、如东亚振博物馆、上海1865园区等等。

2012年，他受邀加盟亚振，正式担任亚振家居设计战略总顾问。在此期间，他带领团队做了引领性思考，并尝试开发了多件创意产品，把家具从手工制造业，融入了众多科技元素，使产品更人性化、智能化。

对于新海派的思考和探索，蔡先生极具前瞻性。他说，海派文化的起点，正值中国最具文明高度的生活方式与西方文明的交汇融合碰撞的时期。一百年多前，她代表中国工业文明的开端；今天，依然是代表先进生产力的文化。当代的海派设计，需要将传统的家居产品，从功能、材料上，继续注入符合人体工程学的价值；从文化的角度，则多挖掘本土的、民间的、优秀的东西，即从中华文化的血脉里面，挖掘一些有价值的元素来发展，形成今天的设计语言。

图4-27　蔡小丰作品 — 多媒体健康酒柜

六、万德伦（Dirk Wynants）

多材质融合在新海派设计中的运用
我希望能做出很好的示范

图4-28 设计师万德伦

万德伦教授是比利时国宝级设计大师、国际著名家具设计大师，也是著名的设计公司EXTREMIS的创始者及艺术总监，亚振签约设计师。他设计的作品曾荣获红点至尊奖（工业设计界"奥斯卡"）、IDEA银奖（美国主持的唯一国际性工业设计大奖）、室内创新奖（国际家具产业的"奥斯卡"）等殊荣。

他认为，功能的设计，必须服务于人的内心诉求。家具外形固然重要，但最重要的还是人们在使用产品时的感觉，材质、造型等，都应该不拘一格，大胆取舍，服务于要表达的意图。2017年起，亚振开始携手万德伦研发家具。他的新品，大胆采

图4-29 万德伦的作品

用金属作为主框架，突破了传统的木材这一主材，在亚振产品发展史上有重要意义。

万德伦将自己对当下东西方生活的理解和对当代艺术的思考，融入空间的营造中，通过极简的家具实物，展示21世纪的装饰艺术之美。这些产品结合了欧洲经典装饰艺术中大胆的几何形态以及传统中国设计里的行云流水般的线条，大理石、黑胡桃和名贵金属混搭，经久耐用，共同打造高档质感。中西合璧的设计语言，加以精致及天然的材质，成就纯粹又富有表现力的新一代海派新品。

图4-30 亚振1865园区外景

第五章

选 材

　　我收藏了许多海派老家具，历经百年岁月，它们依然完好如初。触摸这些老产品，可以感受到前辈们在家具选材、制作上着实很用心。好设计、好材料、好工艺是一件高品质家具的基本要素。要做可以传世的环保产品，选材，至关重要。

亚振品牌创始人

产品设计和研发是亚振企业发展的根本,研发经典而质量过硬的家具产品,是打造亚振品牌的基础之一。

研发团队一直秉持着这样的理念:开发一款好家具首先必须选择好木材。因此,企业的选材相当慎重,研发每一款新产品,充分考虑材料本身的物理特质,保证美观性、稳定性、经久耐用,使做成的家具能几代人长期使用。以倡导绿色环保和打造可传世经典家具为目的,亚振整合资源,主要选取来自原始森林的百年成材。选材的精细和严格,让亚振家具在耐用、环保和品质方面都得到了足够的保障。

在亚振设计师眼里,木材不仅仅是木材,而是帮助他们成就一款款经典之作的忠实伙伴。因为每款产品除了设计风格和细节处理外,材料本身至关重要。一款好设计,只有配以适宜的符合这款产品追求的特性和气质的材料才能相得益彰,才可以既展现木材之美,又传达设计之美。正因为如此,亚振人一直怀着敬畏及珍爱之心选材和取材。

图5-1 燕尾榫与木材

155

在选材上，团队异常珍惜这些天成之材，充分运用每块木材独特的纹理和生命特质，将木材本身的特征与其蕴含的人文情怀融入产品之中，再配以适宜的颜色，做成经久耐用的高档家具服务居家社会，使人类在享用亚振家具产品的同时，珍惜、鉴赏这些生活化的艺术品。如此一来，木材在离开大自然之后，在设计师和研发艺人的手中，其生命用另一种形式得以升华和延续。

图5-2 亚振用木材制作的雕刻部件、拼花等小样

第一节　主　材

一、核桃楸

核桃楸纹理清晰,结构细匀,耐腐朽强,不变型,不开裂,无异味;软硬适中、重量中等,具有干缩率小、刨面光滑、耐磨性强的物理性能和力学性能;富有韧性,干燥时不易翘曲;质地坚韧致密、细腻,享有"木王"和"黄金树"之美称。据明清两代史料记载,楸木是当时器具的首选木材,是世人鉴赏之材。而且战争年代,因其良好的质

图5-3　核桃楸样本

地和硬度常用来做军工产品,如制造枪托。它是一种珍贵木材,一般成材树在60年至80年, 用它制作的家具,既具备红木家具的实用、观赏、保值升值的特点, 又具备红木因水土不服、干裂、变型、开缝所达不到的品质。鉴于楸木以上的特质,它是亚振开创时一直选用的主要材料之一。直到2018年左右全国禁伐此木材,才逐渐减少使用。

二、桃花芯木

图5-4 桃花芯样本

桃花芯木花纹绚丽、变化丰富、光泽强、纹理直、结构细致均匀,是世界名贵木材中的一种。在欧洲多用于皇室家具及饰件,地位等同于中国传统的优质红木,象征着尊贵的地位与身份,被誉为"西方红木"。

16世纪,英国探险家华特罗利到美洲,因风浪遇险,将船停靠在牙买加。当地人非常热情,帮其修补船只。回到英国后,他向伊丽莎白女王讲述了遇险的奇闻和故事,女王到港口看了一下他的探索舰,被带有深红咖啡色优美纹理的船板所吸引。华特罗利二话不说,让人把船板卸下,经过工匠的巧手,变成了一张有波浪纹的小边几,深受女王喜爱。从这以后的几百年,英国开始自北美洲和非洲进口桃花心木,专供皇室制作家具,并将桃花心木传至整个欧洲,还把树种引入欧洲大陆,尝试种植。

不管从其本身物理特性和气质考虑,还是从其历史悠久的家具制作史考虑,桃花芯木不仅是打造外形优美家具的上好木材,还承载着悠久的家具文化历史。用它制作家具,质地坚硬轻巧,易于求取结构坚固和形式灵巧的效果,同时适宜用作优美的雕刻装饰。在家具发展历史上,桃花芯木是18世纪中期——19世纪初期新古典主义时期流行的材料之一。此外,在英国洛可可风格家具发展史上,由英国家具设计界一流的设计师兼制作人托马斯·齐宾代尔制作的家具成为这一时期的主流,被认为是当时家具发展的指南;由于他使用的木材为"桃花芯木",因此这一时期也被称为辉煌的"桃花芯木时代"。

三、赤桦

赤桦(桤木),纹理致密通直、结构甚细、均匀坚韧、富有弹性、强度大、色泽好、有光泽,易于干燥,经干燥处理后材质坚固,不易变质,易于防腐处理。其机械加工性能好,易于切割、可塑性强,适于锯、刨、车、旋、敲钉、螺钻,握钉力强,刨光面光滑,胶合性能良好,经砂光、上漆或着色后效果更好,而且经久耐用。以上这些特质能保证

图5-5 赤桦样本

家具使用多年不变形。选取赤桦为主材,可做成经久耐用供几辈人使用和收藏的家具产品,正因如此,赤桦是亚振设计师们钟爱的木材之一。

此外,它附色能力强,纹理细腻,质地坚硬,是桥梁、乐器、家具的优质木才。厦门鼓浪屿上的钢琴博物馆里,收藏的百年古董钢琴,很多都用赤桦为主材制作。直到今天,用这些材料制作的老钢琴,颜色依然鲜嫩,并且还能发出悦耳、悠扬的声音,是鼓浪屿上的一道风景。

四、榉木

图5-6 榉木样本

榉木纹理清晰,色调柔和流畅,有着淡雅的木纹色泽,很接近黄花梨。它是明清时期最主要的家具用材之一,江南一带常用,有"无榉不成具"的美称。其气质,尤其能体现苏作家具的隽永雅致美感。榉木材质均匀,比一般木头坚硬,不易变形。在蒸汽下,它还易于弯曲和加工,可以制作各种各样的造型,所以在干燥时技术易于掌握。自2007年亚振枫丹白露等系列诞生以来,多款产品均选用榉木作为主材。

五、白樱桃

图5-7 白樱桃样本

白樱桃又称椴木，木纹细，硬度不高，韧性强，不易开裂、耐磨、耐腐蚀。干燥快速，且变形小、老化程度低，尺寸稳定性良好。木材锯解、旋叨、钻孔、开榫、钉着、胶接、油漆、着色等性能良好，且机械加工性良好，容易用手工工具加工，因此是一种上乘的雕刻材料，并经砂磨、染色及抛光能获得良好的平滑表面，有绢丝光泽。它美白的原色，轻柔的质感让家具在一份华丽的外表下，潜伏着一派人文的气息。近年来这款木材被考虑作为主材用于新品研发，以突显产品欲表达的清新之感和自然气息。

六、黑胡桃

黑胡桃呈浅黑褐色带紫色，弦切面为美丽的大抛物线花纹。这种木材非常珍贵，而且易于用手工和机械工具加工，适于敲钉、螺钻和胶合，可以持久保留油漆和染色，打磨成特殊的最终效果，同时也有良好的尺寸稳定性。

图5-8 黑胡桃样本

黑胡桃木在欧洲家具历史上曾数次为家具制作材料的首选。14世纪意大利文艺复兴早期和新古典主义时期（18-19世纪），黑胡桃曾经风靡一时，被家具设计大师和贵族所喜爱。它产地多元化，北美、非洲、缅甸等，均有种植。全球的黑胡桃有各自的特点，而中国对北美胡桃木的专业研究，已有50多年的时间，所以非常熟悉它的秉性。用北美黑胡桃做家具，稳定性特别好。

七、柚木

柚木油性光亮，材色均一，纹理通直，是木材中变形系数最小的一种。它抗弯曲性好，极耐磨，在日晒雨淋干湿变化较大的情况下不翘不裂；耐水、耐火性强；极耐腐；干燥性能良好，胶粘、油漆、上蜡性能好，握钉力佳，综合性能良好，故为世界公认的制作家具的名贵树种，享有"万木之王"的美誉。它还含有极重的油质，这种油质使之

图5-9 柚木样本

保持不变形，且带有一种特别的气息，制成家具，既环保，又能驱蛇虫鼠蚁。更为神奇的是它的刨光面颜色是通过光合作用氧化而成金黄色，颜色会随时间的延长而更加美丽。

八、橡木

图5-10 橡木样本

橡木分为红橡、白橡不同类型，有比较鲜明的山形木纹或条形纹，视觉上粗犷大气、古朴自然。它韧性中等，可根据需要加工成各种弯曲状；生长周期长，一般30年左右可开采，成材需要60-100年左右。在许多古式的门窗花格制作中，常采用此材料，它也是常用的家具材质。上海虹桥路上老上海"房地产大王"沙逊的住宅建于1932年。当时建此洋房时，沙逊精选了优质的橡木和其他材料，以突出英国乡村别墅的古朴风味。室内大部分家具、护墙板、室内装饰等，都是柚木和橡木制作。

第二节 辅 材

一、松木

图5-11 松木样本

松木生长较快,木材质地柔韧,树木的含油量低,而且本身的阴阳色分布均匀。制成家具时,更能充分展现材料的真实、憨重及自然美感,实用性强、经久耐用, 还有淡淡的松香味,渗透了大自然明朗清新的气息,仿佛置身于原野丛林之中,清风扑鼻,迎面而来。

二、桐木

桐木是最轻的木材之一,材质轻而韧,不曲不翘不变形,耐湿隔潮,耐腐烂,耐酸碱,纹理美观,色泽鲜艳,易雕刻染色,还具有不透烟、隔潮、不易虫蛀等优点,是制造高档家具理想的辅助材料之一。桐材制成家具,有一种带绢丝光亮、细腻的纹理,图案自然优美。

图5-12 桐木样本

三、樟木

樟木质重而硬,不变形,具有很好的耐磨、防腐蚀特性。在亚振的用材中,樟木多用于衣橱背板和部分抽斗旁板,这是因为它能散发出浓郁的樟脑香气,不仅提神醒脑,还具有防虫蛀功效。此外,它多孔的结构特点,还能吸附空气中的异味。

图5-13 樟木样本

四、杉木

图5-14 杉木样本

从古时候起,中国就用杉木做澡桶、足桶,经久耐用,抗虫耐腐。杉木的根、皮、节、枝叶本身可入药,是中药的一种,主治胃痛,风湿关节痛;外用治跌打损伤,烧烫伤等。

此木材材质轻韧,强度适中,是一种优质的家具材料,具有天然的原木香味,对人体有多种有益的作用。它散发的香杉木醇可以抑菌、凝神舒缓神经,促进睡眠。正是如此,亚振生产的床基本都用杉木做床板,并且不上油漆,保持原木形态。

五、黄芸香

黄芸香学名"两蕊苏木",一般从非洲进口。它纹理交错,结构细密而均匀,质地坚硬,承重力好。除此之外,木材干燥性良好,不易变形。密度、硬度、强度高,干缩小,握钉力强,胶黏性能好。正是由于以上特性,常将黄芸香用于床横档这一关键承重部位。

图5-15 黄芸香样本

第三节　饰　面

一、树榴

图5-16　树榴样本

　　树榴是从少量在生长的具有美丽木纹的树木上或将树桩的包囊以及树杈部分切去后得到的,从各个方向伸展而形成独特木纹效果,树榴被视为一种非常珍贵而又美观的装饰薄片。这类原材料极其稀少,因此显得特别珍贵。由于树根的榴状畸变往往都是呈现不规则性,因此纹理颇似一幅幅抽象的艺术作品,在装饰中合理点缀使用可产生自然、浪漫的高雅艺术效果。

二、沙比利

　　沙比利木纹交错,有时有波状纹理,在四开锯法加工的木材纹理处形成独特的鱼卵形黑色斑纹;疏松度中等,光泽度高;边材淡黄色,心材淡红色或暗红褐色;其线条粗犷,颜色对比鲜明,装饰效果深隽大方。考虑到这些独特的因素,沙比利为亚振家具多款型号产品所广泛应用。

图5-17　沙比利样本

三、桃花芯树杈

其心材一般为悦目的深红或深紫色,稀有高档木材,充分显示出高贵、典雅的气质。利用桃花芯树杈的特殊花纹,通过精心设计,手工拼接,可以展现出一幅幅极具观赏性的美丽图案,且每件产品的图案都不相同,可以说都是绝品,不仅使产品具有本身的实用功能,还具有了一定的收藏价值。由于"在天然中找和谐"的高难度系数,18——

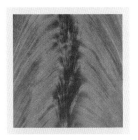

图5-18 桃花芯树杈样本

19世纪,这一做法在欧洲仅用于皇室家具上,后随着西方人来华,被引入中国。

多款古典风情的亚振产品均以桃花芯树杈做饰面,增加了许多艺术价值。以海派印象(58型)木背床为例,床头床尾均精选桃花芯树杈,以艺术拼花工艺纯手工制作,做出"孔雀开屏"似的花纹。要达到完美、和谐的拼花效果,需要从上千张材料中找接近的,真是"千里挑一"!并且因天然的纹理千奇百怪,每张床的纹路都有唯一性。以上原因,使得此套产品的工艺价值极高。

四、樱桃木

图5-19 樱桃木样本

樱桃木色泽鲜艳,属暖色调,是一种富有灵性的华丽材质。它本身有一种非常独特的特性—时间越长,颜色、木纹会越变越深,如美酒般,在岁月的流逝中变得越来越香醇。这绝不是衰老,而是一种感情的深厚积累,是"历久弥新"的生动演绎,不着痕迹又让人回味无穷。直纹恰似春江水暖,温馨浪漫,自然柔美,高贵典雅,装饰家具呈现高感度视觉效果。

亚振用这些漂亮木纹进行艺术拼花,做成很多块纹理匹配的抽屉面板,胜于呆板的实木抽屉面板。薄木贴面的使用,有助于控制木料的扩张和收缩,利用交叉木纹间的互相作用保持木料的稳定。由于木头的纹理都向纵向伸展,将木条各自的纹理垂直黏合有助于避免木头的伸缩变形,当垂直纹理的木片需要拉伸伸展时,与之横向排列的木片纹理会牢固的将其位置锁定避免变形。

五、黑檀

图5-20　黑檀样本

黑檀木极其容易辨认,它变化莫测的黑色花纹犹如名山大川,又似行云流水,令印象派大师自叹不如。因其坚硬、滑润,切面打磨后形成的包浆像铜镜一样,又似缎子的表面,让人联想起美玉。这种视觉上的美感源于它肌理紧密,棕眼稀少,油质厚重。它是世上名贵稀有的木材之一,生长期非常缓慢,木料极其珍贵。用于柜体、桌面、旁板的艺术拼花,常带来视觉上的震撼。

六、枫木

枫木纹路清新,花纹图案优良,当和深色木材搭配时,尤其自然清爽,可起到较好的视觉效果。其纹里交错,结构细而均匀,质轻而较硬,容易加工,油漆涂装性能好,胶合性强,主要用于面板贴薄面。

图5-21　枫木样本

木材散发出来的质朴芳香,是全球人类在走入快捷都市化进程之际,急需回味和眷恋的文明生命信息。亚振人能隐约感觉到,循木文化而追梦的文明生命步履,正在缓缓聚集,形成一股交响乐曲。尽管世界各地的语言文字和风俗习惯不同,但是对于"木质神韵"的喜爱与眷恋,却是人类共同的审美默契。当拥有了这脉美学基因的浸润与滋养,企业走向未来的木材家具之文明步履将会更加矫健。木材已经成为亚振企业的文化默契符码,已经融入亚振家具的血液,在亚振产品的木材纹饰中,都弥散出人性化终极关怀的温和光芒。

　　亚振所选之木材给人的自然感受、装饰效果是经过设计、研发团队仔细推敲的。在亚振设计师眼里,木材的生命不是在它被砍伐后就终结了,而是以另一种形式延续。亚振人将其打造成可以传世的家具,使之成为蕴含文化内涵的艺术品,这是一种对树木的尊重,更是对木材文化和家具文化的传承。

图5-22　1865园区内的家居文化展示厅

SHANGHAI｜MPRESSION

上海
印象

1843

上海
正式开埠

后 记

　　从诞生之日起,亚振就定位中高端市场,致力于服务于追求品质生活的人们。设计先行,文化引领。对产品基因和文化的研究,企业一直在探索中,从未停息。自1992年起,高伟先生就立志打造有亚振基因的产品,到把燕尾榫卯、A/Z等元素融入家具造型设计之中,前后历经近三十年时光。开发具备亚振独特基因、有文化的好家具,是其一生的梦想,其意志之坚韧、践行之果敢,让人感动。

　　关于家居文化,有一个趣事。早在20世纪90年代中期,上海高端商业街南京路上的精艺家具商场内,亚振店长接待了两位与众不同的顾客——黄德明先生和他太太。他们来到店内挑选家具,看中了塞维利亚(14型)产品,店长何小平女士热情地介绍产品说,此套家具上的羊头纹饰代表"吉祥如意"。对此,黄先生微笑着纠正道,在中国文化中,羊头谐音"祥",解读为"吉祥如意"没错;但这套产品是西式造型,所用元素大部分是西洋纹饰,那么在欧洲文化中,羊头似乎是农耕时代"财富"的象征。听言,何小平女士觉得遇到了行家,很是欣喜和激动!她知道亚振首席设计师高伟对产品文化很感兴趣,一直想找高人探讨。通过她的积极沟通,三天后,高总和这位深谙中西文化的顾客见面了。两人相谈甚欢,成了多年的好友。之后多年,黄德明先生为亚振献计献策,为亚振品牌文化的挖掘提炼做出了开创性的贡献。

　　以上只是亚振发展过程中的一个小插曲,这样的往事,鲜为人知。从首席设计师到店长,再到喜爱亚振的顾客,都带着无限热情,为一个个"纹饰"而奔忙。正是他们对品牌的由衷喜爱和心里涌现的激情,才是亚振发展的核心动力!几十年过去了,行业内的新品牌如雨后春笋般,一波又一波地不断涌现,又一批批地悄然不见。

亚振，在跌宕起伏的时代大潮中历经风雨，一路向前。无数亚振人扎根于此，以淳朴的心，心怀激情和勇气，为其发展呕心沥血，值得我们尊敬！

唯愿亚振人继续秉承这种精神，扎根企业，在自己的岗位上带着使命感前行！同时，在工作中成长、进步和取得成就，无愧于我们每一天的大好光阴！

撰写此书的目的，是为了通过梳理和提炼产品文化，促进品牌长远发展。希望此书能帮助当下的亚振同仁更深入了解亚振产品，也期待它能帮助未来的新人加快融入企业的步伐，在擅长的领域发挥特长，取得令人瞩目的成绩。

此书在撰写过程中，得到了企业众多同仁的帮助，如董事办姚纯女士、左志伟先生，市场中心张文杰先生、何施亮先生、杜青先生、穆竞荣女士、房丹女士，制造中心陈海林先生，研发院秦春亚先生、谢方方女士、梁明女士等。他们分别在史实资料和照片提供、版面设计指导等方面，为本书的出版提供了极大帮助。在此，向各位伙伴们表示衷心感谢！

许锦芝

2020年6月15日